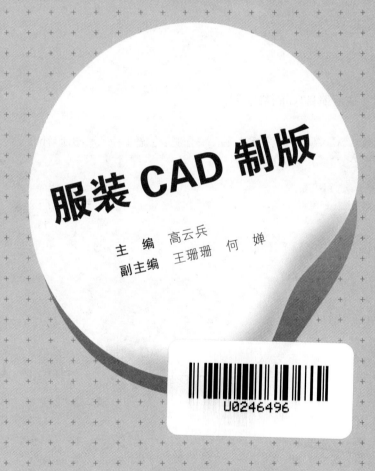

服装 CAD 制版

主　编　高云兵

副主编　王珊珊　何　婵

U0246496

合肥工业大学出版社

内容提要

本书以最新版本的富怡 CAD V8.0 软件为基础,介绍如何进行服装制版、推档、排料等操作。本书结合一个个制版实例来讲解使用 CAD 软件进行规格设计、结构设计、样板制作、推档放样和排料等的操作方法与技巧,让读者在企业情境中学习如何进行服装 CAD 制版。

本书既可作为服装院校的服装 CAD 教材,也可作为服装企业从业人员提高技能的培训教材,对广大服装设计爱好者也有参考价值。

图书在版编目(CIP)数据

服装 CAD 制版/高云兵主编 . —合肥:合肥工业大学出版社,2014.7
ISBN 978 - 7 - 5650 - 1692 - 9

Ⅰ.①服… Ⅱ.①高… Ⅲ.①服装量裁—计算机辅助制版 Ⅳ.①TS941.2

中国版本图书馆 CIP 数据核字(2013)第 313796 号

服装 CAD 制版

主编　高云兵	责任编辑　王　磊

出　　版	合肥工业大学出版社	版　次	2014 年 7 月第 1 版
地　　址	合肥市屯溪路 193 号	印　次	2014 年 7 月第 1 次印刷
邮　　编	230009	开　本	787 毫米×1092 毫米　1/16
电　　话	艺术设计编辑部:0551 - 62903120	印　张	13.25
	市场营销部:0551 - 62903198	字　数	273 千字
网　　址	www.hfutpress.com.cn	印　刷	合肥星光印务有限责任公司
E-mail	hfutpress@163.com	发　行	全国新华书店

ISBN 978 - 7 - 5650 - 1692 - 9　　　　　　　定价：38.00 元

如果有影响阅读的印装质量问题,请与出版社市场营销部联系调换。

前　言

　　服装 CAD 技术在提高效率、改善工作环境、增进设计精度等方面具有巨大的优势，因而服装 CAD 技术的应用是必然的，从业人员学习服装 CAD 技术已成为当务之急。

　　富怡 CAD V8.0 版本是盈瑞恒公司最新开发的服装 CAD 软件，它仍然保留了原版本的 2 个系统 RP－DGS 和 RP－GMS，但在制版 RP－DGS 系统中有较大的变动，大大改善了软件的操作性，优化了工作界面。

　　本书共有 5 章，第一章介绍服装 CAD，第二章介绍富怡 CAD V8.0 版本中 RP－DGS 系统的操作方法，第三章介绍富怡 CAD V8.0 版本中 RP－GMS 系统的操作方法，第四章介绍服装 CAD 制版的步骤及原理，第五章通过具体的款式来介绍该软件的实践应用与技巧。

　　本书以不同款式为项目，深入浅出地介绍服装 CAD 制版技术在不同款式中的应用，模拟服装企业工作流程，完整介绍每个项目从款式分析→规格设置→结构设计→样板制作→推档放样→排料，使得知识更加系统化。

　　本书在编写过程中得到了同事和朋友的帮助，其中孙建康老师参与了第五章的编写工作，在此表示感谢！由于本人的水平有限以及服装 CAD 技术的不断发展，书中有不足之处，恳请大家提出宝贵建议，请将建议发到 gaoyunbing@21cn.com。

　　本书比较适合有一定的服装制版基础的读者使用。

编　者

2014.7.1

目　　录

第一章　服装 CAD 概述

◆**学习目标：**

了解服装 CAD 的发展、意义、类型；了解和掌握富怡服装 CAD 软件及安装；掌握该课程的学习方法。

◆**学习重点：**

富怡服装 CAD 软件的安装；该课程的学习方法。

◆**学习难点：**

培养学生学习服装 CAD 的兴趣。

第一节　服装 CAD 的发展、意义及类型

随着计算机技术的飞速发展，计算机辅助设计被广泛应用于工业、商业、艺术设计等各个领域中。目前，计算机的应用已经进入服装行业从设计到生产、流通、销售的全过程。计算机技术在服装行业的应用主要包括 3 个方面：服装计算机辅助设计（Garment Computer Aided Design，简称服装 CAD）、服装计算机辅助生产（Garment Computer Aided Manufacture，简称服装 CAM）、服装企业管理信息系统（Garment Management Information System，简称 MIS）。其中，服装 CAD 系统主要包括款式设计、样板设计、放码、排料、试衣等功能模块；服装 CAM 系统主要包括裁床技术、工艺设计、柔性生产技术等；服装 MIS 系统主要包括企业财务管理、生产管理、销售管理、物流管理等。随着经济和生活方式的变化，当代服装生产已进入多品种、小批量的模式，服装已越来越像快消品，因而缩短服装从构思到上架的时间就尤为重要，这必然促使服装企业加大对计算机技术的应用。

1. 服装 CAD 的功能

服装 CAD 系统主要包括：款式设计系统（Fashion Design System）、样板设计系统（Pattern Design System）、放码系统（Grading System）、排料系统（Marking System）和试衣系统（Fitting System）。

（1）款式设计系统

服装款式设计系统的主要目标是辅助服装设计师构思出新的服装款式。

计算机款式设计是应用计算机图形学和图像处理技术，为设计师提供一系列服装设计和绘图的技术平台。款式设计系统的功能包括以下几个方面：提供各种工具绘制服装画、款式图、效果图，或者调用款式库内的式样进行修改而生成新图样；提供工具生成新的图案，并填充到指定区域，或调用图案库内的图案，形成服装图案；提供工具绘制部件，或调用部件库内的部件进行修改，形成服装部件并与服装匹配；模拟服装静态着装效果，显示出褶皱、悬垂、蓬松等肌理效果。

计算机款式设计的优势在于：便于保存大量的图样，并可以快速查找、调用和修改；可以直观服装效果，大大节约设计时间。

（2）样板设计系统

样板设计系统的功能主要包括以下几个方面：样板的绘制、生成、输出；样板的输入、修改、保存；各种点、线的设计等功能。

样板的输入可以用数字化设备输入，如数字化仪、扫描仪、数码影像仪等。提供工具可以完成点、线绘制、修改，生成样板外轮廓、内分割线、工艺标志灯。提供工具可以实现样板的省道转移、分解、转化等设计。生成的样板文件信息可以方便地传递给放码和排料系统。

样板设计系统的优势在于：计算机可以储存大量的样板，方便查找、调用和修改。

（3）放码系统

放码系统是在基准样板的基础上再完成其他各个号型样板的过程，是完成系列化工业样板的工作。其主要功能包括：按一定的放码规则对基准样板进行缩放，生成各种号型样板；对样板进行对称、旋转、加缝边等处理；可按一定比例打印样板。

放码系统的优势在于：比传统的手工放码节约时间，避免了人工放码的误差，放码资料可以长期保存，方便管理。

（4）排料系统

排料系统是在系列化样板的基础上根据裁床方案进行的排料过程。其主要功能包括：自动排料；人机交互排料；样板的平移、旋转、选择等。

排料系统的优势在于：可多次试排，并精确计算出各种排料方法的用布率，从而找出最优方案；减少漏、重、错排；节约人力和时间成本；缩小排料占用的厂房面积；排料图在计算机中可以储存、查找和调用，也可直接输到自动裁床进行裁剪。

（5）试衣系统

试衣系统是通过数码影像设备，输入消费者的影像，然后将计算机内储存的服装效果图自动穿在其身上，显示出着装效果，这样不需提供真实的样衣，就可以判断其效果，对服装销售有较好的促进作用，可以大量使用在服装电子商务中。

2. 服装 CAD 的硬件

服装 CAD 系统是以计算机为核心,由软件和硬件两大部分组成。硬件包括计算机、数字化仪、数字化影像设备、打印机等设备。由计算机内的 CAD 软件来控制设备工作。

(1)计算机:PC、平板电脑、工作站都可以,操作系统 Win98 以上,显示器分辨率在 1024×768 像素以上。

(2)数码影像输入设备:数码相机、扫描仪等。

(3)数字化仪:样板输入设备,在服装 CAD 系统中,常用数字化仪作为服装样板的输入工具,它可以迅速地将纸质样板或衣片结构输入计算机中,便于对其进行相关操作。

(4)打印机:可以打印彩色效果图、款式图,或缩小的结构图、排料图等。

(5)绘图仪:是一种输出 1:1 纸样和排料图的必要设备。

3. 国内外服装 CAD 系统

作为现代设计工具的服装 CAD 技术,是计算机技术与服装行业相结合的产物。从 1972 年的 MARCON 系统到现在,国内外有上百个不同的服装 CAD 系统出现。

(1)国外服装 CAD 公司

① 美国格柏(Gerber)公司

美国格柏公司推出了两套服装 CAD 系统,一套是以 HP 小型机为主机的 AM-5 系统,另外一套是以 IBM PC 为主机的 ACCUMARK 系统。

AM-5 系统的主要功能有:输入放码规则后,自动进行样板放码操作;能够以人机交互的方式在计算机屏幕上进行排料,同时自动计算布料利用率;利用绘图仪精确、快速地自动绘制出各种比例的排料图和样板;可将大量的资料储存在磁盘上,便于管理和应用;能够与电脑自动裁床相连,进行精确裁剪。

ACCUMARK 系统代表了新一代服装 CAD 系统的发展方向。该系统采用微机工作站结构,通过高速以太网相互通信,以大容量服务器为信息储存和管理中心,通过网络将自动裁床系统、单元生产系统、管理信息系统以及其他 CAD/CAM 系统连接起来,形成计算机集成化制造系统(CIMS)。

② 法国力克(Lectra)公司

法国力克公司研制的"301+/303+"系统,将服装的概念创作、打样及排料结合在一起。该系统有以下特点:采用自动纸样扫描仪可将任何形式的样板方便地输入计算机中,并在工作站的屏幕上显示;放码系统有 7 种不同的放码规则,5 种分割衣片的方式,可以对齐、翻转、旋转衣片,还有处理缝边、褶皱等功能;衣片设计系统包括生产规划、估料、成本计算等功能。

该公司最新推出的 OPEN CAD 系统具有模块化和开放性的特点。它包括 5 种基本系统,即 M100、M200、X400、X400+ 以及 X600S 系统,用户可根据速度、容量、储存器等要求进行选择。相关模块包含了力克公司开发的功能模块及 CAD/CAM 联机运行系统。其开放性主要在于提高与其他服装 CAD 软硬件的兼容性。

③ 西班牙英维斯(Inves)公司

该系统突出表现在人工智能和机器人等尖端技术方面:推出"量身定制"系统;衣片设计系统具有一定的自动设计功能;排料系统应用积累经验方式来提高排料操作的速度和质量;应用机器人技术研制的 T－CAR 运输衣片机器人,形成单元生产系统;具有成本管理系统、缝制吊挂系统、仓储管理系统,即 CIM。

④ 国外其他主要 CAD 系统

a. 德国艾斯特奔马公司开发的 Assyst－Bullmer 系统集合智能化和自动化,兼容性好。

b. 美国 PGM 公司在全球首先推出全智能自动排料系统,自动排料的利用率可与人工媲美。

c. 加拿大派特公司研发的 PAD 系统具有全球领先的排料系统,主要是使用了仿人工排料功能,系统的开放性好。

d. 日本东丽(TORAY)公司开发的 Toray－acs 样片设计系统,设计了三维人体模型,从而使二维衣片和三维人体之间建立起对应关系。

(2)国内服装 CAD 公司

① 富怡控股有限公司(Richpeace)

该公司是集开发、生产、销售、培训和咨询服务为一体的高科技服装设备专业企业。该公司专门为纺织服装企业提供设计、生产和管理等全方位的计算机辅助设计系统、计算机信息管理系统、计算机辅助生产系统等系列产品。公司现有产品包括富怡款式设计系统、富怡服装打样系统、富怡服装放码系统、富怡服装排料系统、富怡服装工艺单系统、富怡服装 CAD 专用外围设备、服装企业管理软件,以及自动电脑裁床等系列产品。其中款式设计系统又分为面料设计、服装设计。

② 杭州爱科电脑技术有限公司(ECHO)

爱科服装 CAD 软件由杭州爱科电脑技术公司开发,该公司"九五"期间曾被列为省级服装 CAD 推广应用项目,2000 年由中国服装集团公司控股并被确定为"纺织工业服装 CAD 推广应用分中心"。爱科公司开发了服装 CAD、服装 CAPP、服装 CAI、服装 ERP、服装 PDM、三维服装 CAD、服装电子商务系统、服装远程教学系统等产品。公司主导产品 ECHO 一体化系统包括电脑试衣、款式设计、纸样结构设计、推档放样、排料等功能。

③ 北京航天工业公司 710 研究所(Arisa)

航天服装 CAD 系统是我国最早自行研发并商品化的服装 CAD 系统,功能模块有款式设计、样板设计、推档放样、排料、电脑试衣等 5 个系统。该公司最新开发了衣片数码摄像输入、工艺单、三维人体测量系统,大大提高了软件的实用性。

④ 合肥奥瑞数控科技有限公司(Oricad)

合肥奥瑞公司是一家服装专业软件和设备制造、销售、培训及研发企业,产品包括服装大师智能 CAD 系统、服装大师超级排料系统、样板摄像输入系统、模版工艺设计系统、服装企业 ERP 系统、电脑自动裁床、服装大师系列绘图仪等。

⑤ 国内其他主要服装 CAD 公司

a. 北京市日升天辰有限公司研制的服装 CAD 系统,较早开发服装企业生产管理系统,大大提升了系统在整个产业链中的应用。

b. 广州樵夫科技公司开发的"樵夫服装工作室"和"金顶针服装设计大师",包含了打板、放样、排料、服装效果设计等功能。

c. 北京市布易科技公司开发的 ET 服装 CAD 软件,提供了三维服装设计系统。

(3)服装 CAD 的发展趋势

随着服装 CAD 技术的发展和应用的普及,服装 CAD 技术开始趋于向三维化、智能化和网络化的方向发展。

① 三维服装 CAD 的发展

随着计算机技术和社会经济的发展,人们对服装的质量、合体性和个性化的要求越来越高。现行的二维服装 CAD 技术已经不能满足纺织服装业的要求,服装 CAD 迫切需要由目前的二维平面设计发展到三维立体设计。因此,近年来国内外均在三维服装 CAD、虚拟现实服装设计等方面开展理论研究与实践应用。

三维服装 CAD 不同于二维 CAD 的地方在于:它是在通过三维人体测量建立的人体数据模型的基础上,对模型进行交互式的三维立体设计,然后再生成二维的服装样片。它主要是解决人体三维尺寸模型的建立及局部修改、三维服装原型设计、三维服装覆盖及色彩浓淡处理、三维服装效果显示特别是动态显示和三维服装与二维衣片的可逆转换等。

② 智能化服装 CAD 的发展

目前的服装 CAD 产品使用起来都比较复杂,操作人员要完全掌握其使用方法需要花费较长的时间。这也是其普及较为缓慢的原因之一。因此,展望未来,我们预计将来的服装 CAD 产品将朝着高智能化的方向发展,通过建立更多的服装样板模块及设计向导为操作人员提供智能支持,包括自学习、自组织、自适应、自纠错、并行搜索、联想记忆、模式识别、支持自动获取等多种智能技术的支持。将来,随着硬件技术的不断发展,高智能的"服装设计傻瓜机"也将成为现实。

③ 基于网络化的服装 CAD 的发展

基于国际互联网的高速发展,在不久的将来,网络服装设计将成为主流。企业可基于网络服装 CAD 系统来实现产品的设计、数据的共享和标准化。客户可以在网上订购、试穿并参与设计自己喜欢的服装。当然,这些需要具有高科技含量的硬件和软件来支持,如三维人体扫描仪、自动化程度较高的量身定做系统等。为高效提升企业的市场规模及产品利润,服装 CAD 与电子商务的结合也是必然趋势。

第二节　富怡服装 CAD 简介

服装 CAD 系统种类繁多,在众多的服装 CAD 系统软件中,富怡集团开发的服装 CAD 系统软件,以其方便实用的工具和合理的操作界面,成为服装行业广泛应用的软件之一。

1. 系统软件的安装与运行

本教材使用的是富怡服装 CAD 软件 V8.0 版本,分为工业版和学习版。工业版可以保存、输出、打印文件,但必须安装加密狗;学习版可以保存,但不能打印 1∶1 的文件,不需加密狗。其安装步骤为:

(1)把安装光盘插入光驱。

(2)打开光盘,双击 Setup,弹出对话框,如图 1—1 所示。

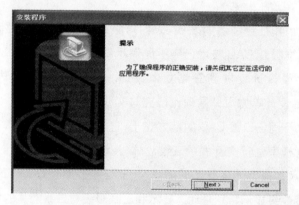

图 1—1

(3)选择需要的版本,如选择"网络版",单击【Next】按钮,弹出对话框,如图 1—2 所示。

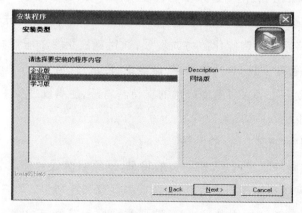

图 1—2

(4)选择安装地址,单击【Next】按钮,弹出对话框,如图1-3所示。

图 1-3

(5)勾选安装程序,单击【Next】按钮,弹出对话框,如图1-4所示。

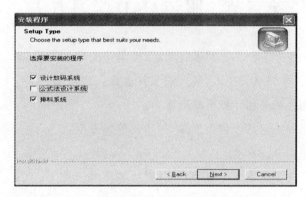

图 1-4

(6)选择所使用的绘图仪类型,单击【Next】按钮,弹出对话框,如图1-5所示。

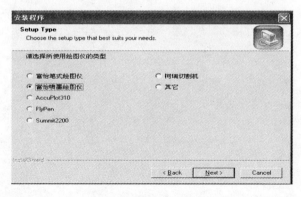

图 1-5

(7)单击【Finish】按钮,在计算机上插上加密狗即可运行程序。

2. 富怡 CAD 系统软件的功能

富怡服装 CAD 系统软件学习版中含有 DGS 程序和 GSM 程序两个程序,分别能够实现服装样板设计与放码和排料的功能。另外,V8.0企业版还有 PDS 程序,能够实现服装工艺设计的功能。

DGS 程序用于服装的结构设计、制版和系列化样板的缩放。程序提供两种制版方法:公式法和自由法。能够加省、加缝份和扣眼等;可以快速、准确地完成省道的转移、展开、转化、合并等工作;可以自动放码;可以显示扫描和下载款式图,以供制版时参考;提供多种放码方法,并对放好码的样板进行相应操作;可在制版中设计缩水处理;提供中、法、美、日、德五国的标准尺寸库,可以自行设计尺寸库;可以储存、传递、打印小样和1:1图。

GSM 程序用于服装裁剪的排料,提供两种排料方式:自动排料和人机交互式排料。可以自动计算用料的多少、利用率、纸样总数、放置数;可以按照号型、布料、布号、颜色等自动分床;提供对格对条功能;提供强大方便的菜单操作方式,对样板进行相关操作。

第三节　服装CAD学习方法

富怡服装 CAD 是一门数字化的服装制版、排料等的技术课程,通过电脑来完成相关的专业技术工作。要学好这门技术,其方法非常重要。

(1)要有服装制版基础和计算机基础能力。

(2)通过简单实例练习几个常用工具,并达到熟练程度。

(3)通过网络视频进行自学。

(4)通过企业订单实践来学习服装 CAD 制版等技术。

(5)通过交流、合作来加深对该技术的理解和实践。

第二章　服装样板设计与放码系统

◆**学习目标：**

掌握富怡服装 CAD 制版各种工具的使用方法；掌握富怡服装 CAD 放码的各种工具的使用方法。

◆**学习重点：**

专业工具的使用方法及技巧。

◆**学习难点：**

菜单工具的功能及使用技巧。

第一节　样板设计与放码系统界面介绍

RP-DGS 设计与放码系统将旧版的制版系统和放码系统放在一起，V8.0 版进一步将制版和放码整合在统一的工作区中。富怡 V8.0 版本提供两种制版方法：自由法和公式法。双击软件图标就会弹出【界面选择】对话框(图 2-1)，选定后进入相应界面。

设计与放码系统的工作界面包括菜单栏、快捷工具栏、纸样窗口栏、工具栏、状态栏、工作区，如图 2-2 所示。

图 2-1

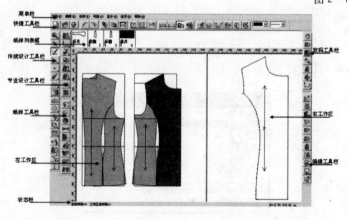

图 2-2　设计与放码系统界面

第二节　菜单栏

菜单栏包含文档、编辑、纸样、号型、显示、选项和帮助等7个菜单(图2-3)。单击其中之一,随即出现下拉式菜单,如果命令为灰色,则表示该命令目前无法使用。命令右方的字母代表该命令的键盘快捷键,以下是7个菜单的基本介绍。

| 文档(F)　编辑(E)　纸样(P)　号型(G)　显示(V)　选项(O)　帮助(H) |

图2-3

一、【文档】菜单

【文档】菜单如图2-4所示。

功能:负责文件的管理工作,包含打开、保存、打印等基本文件操作,还可以输出、输入或数码扫描图像。下面对其中的部分功能及操作进行详细介绍。

图2-4

1. 另存为(Ctrl+A)

功能:该命令是用于给当前文件做一个备份。

操作:单击【文档】菜单→【另存为】,弹出【另存为】对话框,输入新的文件名及储存路径,即可完成该命令。

2. 保存到图库

功能:与【加入/调整工艺图片】工具配合制作工艺图库。

操作:用【加入/调整工艺图片】工具左键框选目标后右击;单击【文档】菜单→【保存到图库】,弹出【保存到图库】对话框,选择相应的文件名和路径,单击【保存】即可。

3. 安全恢复

功能:因断电没有及时保存的文件,用该命令可以找回。

操作:启动软件后,单击【文档】→【安全恢复】,弹出【安全恢复】对话框(图2-5),选择相应的文件,单击【确定】即可。

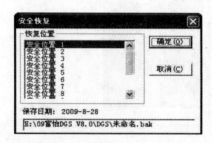

图2-5

4. 档案合并

功能:将不同文件档案合并,提高文件的关联度。

操作:打开一个文件→单击【文档】→【档案合并】→选择相应文件双击即可。(注:合并文件的号型名及基码相同)

5. 自动打版

功能:调入公式法的打版文件,选择相应款式,修改尺寸,即可自动生成该款式样板。

操作:a. 单击【文档】→【自动打版】,弹出【选择款式】对话框,如图2-6所示。

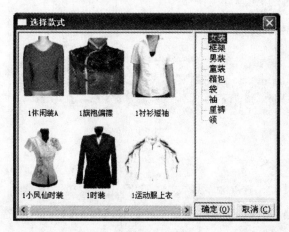

图 2-6

b. 双击所选款式,弹出【自动打版】对话框(如图2-7所示,左为示意图,右上为结构图,右下为尺寸规格表)。尺寸数据可以根据实际情况修改,也可以单击【尺寸表】后的按钮,选择由三维测量设备测量好的人员数据。

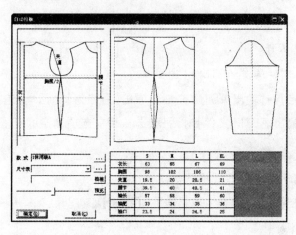

图 2-7

c. 单击【确定】按钮即可。

6. 打开 AAMA/ASTM 格式文件

功能:可打开 AAMA/ASTM 格式文件,该格式是国际通用格式。

操作:单击【文档】→【打开 AAMA/ASTM 格式文件】,弹出对话框如图 2－8 所示,选择所需文件,单击【打开】按钮即可。

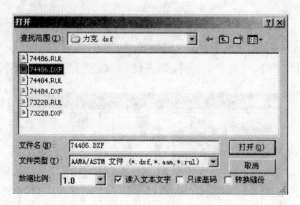

图 2－8

7. 打开 TIIP 格式文件

功能:用于打开日本的".dxf"纸样文件,TIIP 是日本文件格式。

操作:单击【文档】→【打开 TIIP 格式文件】,弹出【打开】对话框,选择相应文件名双击即可。

8. 打开 AutoCAD DXF 文件

功能:用于打开 AutoCAD 输出的 DXF 文件。

操作:单击【文档】→【打开 AutoCAD DXF 文件】,弹出【打开】对话框,选择相应文件名双击即可。

9. 输出 ASTM 文件

功能:把本软件文件转成 ASTM 格式文件。

操作:单击【文档】→【输出 ASTM 文件】,弹出【另存为】对话框,选择相应路径及文件名点击保存,弹出【输出 ASTM 文件】对话框,选择相应选项确定即可。

10. 打印号型规格表

功能:该命令用于打印号型规格表。

操作:单击【文档】→【打印号型规格表】→【打印】即可。

11. 打印纸样信息单

功能:用于打印纸样的详细资料,如纸样的名称、说明、面料、数量等。

操作:单击【文档】→【打印纸样信息单】,弹出【打印制版裁片单】,选择相应选项,确定即可。

12. 打印总体资料单

功能:用于打印所有纸样的信息资料,并集中显示在一起。

操作:单击【文档】→【打印总体资料单】,弹出【打印总体资料单】对话框,选择相应选项,确定即可。

13. 打印纸样

功能:用于在打印机上打印纸样或草图。

操作:单击【文档】→【打印纸样】,弹出【打印纸样】对话框,选择相应选项,确定即可。

二、【编辑】菜单

【编辑】菜单如图 2-9 所示。

功能:对选中的纸样进行复制、剪切等操作;对纸样上的点进行线段延长、圆角设计等操作,可新建一个矩形或圆形纸样。

下面介绍几种常用命令:

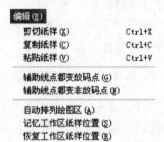

图 2-9

1. 剪切纸样

功能:该命令与粘贴纸样配合使用,把选中的纸样剪切到剪贴板上。

操作:用 🔲 工具选择所需纸样→【编辑】→【剪切纸样】即可。

2. 复制纸样

功能:该命令与粘贴纸样配合使用,把选中的纸样复制到剪贴板上。

操作:用 🔲 工具选择所需纸样→【编辑】→【复制纸样】即可。

3. 粘贴纸样

功能:该命令与复制纸样配合使用,使复制在剪贴板上的纸样粘贴在目前打开的文件中。

操作:打开要粘贴的文件→【编辑】→【粘贴纸样】即可。

4. 辅助线点都变放码点

功能:将纸样中的辅助线点都变成放码点。

操作:用 🔲 工具单击选择所需纸样→【编辑】→【辅助线点都变放码点】,弹出【辅助线点全部为放码点】对话框,选择相应选项,确定即可。

5. 辅助线点都变非放码点

功能:将纸样内的辅助线点都变为非放码点。操作与辅助线点都变放码点相同。

操作:用 🔲 工具单击选择所需纸样→【编辑】→【辅助线点都变非放码点】,弹出【辅助线点全部为非放码点】对话框,选择相应选项,确定即可。

6. 自动排列绘图区

功能:把工作区的纸样按照绘图纸张的宽度排列,省去手动排列的麻烦。

操作:a. 把需要排列的纸样放入工作区中;

b. 单击【编辑】→【自动排列绘图区】,弹出【自动排列】对话框;

c. 设置好纸样间隙,单击不排的码使其没有填充色,如图2-10所示的S码,单击【确定】;

d. 工作区的纸样就会按照设置的纸张宽度自动排列。

图2-10

7. 记忆工作区纸样位置

功能:当工作区中的纸样排列完毕,执行【记忆工作区纸样位置】,系统就会记忆各纸样在工作区的摆放位置,方便再次应用。

操作:a. 在工作区中排列好纸样;

b. 单击【编辑】→【记忆工作区纸样位置】,弹出【保存位置】对话框;

c. 选择存储区,即可。

8. 恢复工作区纸样位置

功能:对已经执行【记忆工作区纸样位置】的文件,再打开该文件时,用该命令可以恢复上次纸样在工作区中的摆放位置。

操作:a. 打开应用过【记忆工作区纸样位置】命令的文件;

b. 单击【编辑】→【恢复工作区纸样位置】,弹出【恢复位置】对话框;

c. 单击正确的存储区,即可。

9. 复制位图

功能:该命令与 【加入/调整工艺图片】配合使用,将选择的结构图以图片的形式复制在剪贴板上。

操作:a. 用 【加入/调整工艺图片】工具左键框选设计图后击右键,如图2-11所示;

b. 结构图被一个虚线框框住;

c. 单击【编辑】→【复制位图】,此时所选的结构图被复制;

d. 打开Office软件,如Excel或Word,采用这些软件中的粘贴命令,复制位图就粘贴在这些软件中,可以辅助写工艺单。

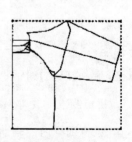

图2-11

三、【纸样】菜单

图 2-12

【纸样】菜单如图 2-12 所示。

功能:对款式的名称、介绍、客户名、订单号等信息进行设定;对某个纸样的名称、号型、布料、裁剪方案等信息进行设定;对纸样栏中的纸样进行删除和复制。

下面介绍几种常用命令的功能及操作:

1. 款式资料

功能:用于输入同一文件中所有纸样的共同信息。

在款式资料中输入的信息可以在布纹线上下显示,并可传送到排料系统中随纸样一起输出。

操作:单击【纸样】→【款式资料】,弹出【款式信息框】,如图 2-13 所示,选择相应选项,确定即可。

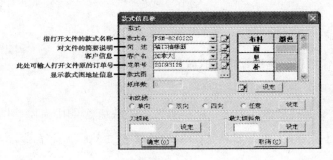

指打开文件的款式名称————款式名
对文件的简要说明————简 述
客户信息————客户名
此处可输入打开文件原的订单号————订单号
显示款式图地信息————款式图

图 2-13

2. 纸样资料

功能:编辑当前选中纸样的详细信息。快捷方式:在衣片列表框上双击纸样。

操作:a. 选中纸样,单击【纸样】→【纸样资料】,弹出【纸样资料】对话框,如图 2-14 所示,输入各项信息,按【应用】按钮即可。

b. 如果还需对其他纸样编辑信息,可以先不关闭对话框,按【应用】后再选中其他纸样对其编辑。

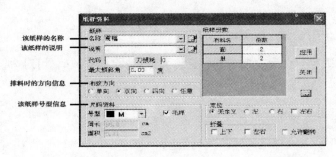

该纸样的名称————名称
该纸样的说明————说明
排料时的方向信息————布纹方向
该纸样号型信息————尺码资料

图 2-14

注：【份数】如果为偶数,在【定位】栏下选择当前纸样是左,则单击【左】,再勾选【左右】复选框,则另一份纸样为右片,否则两份都是左片。

3. 总体数据

功能:查看文件中不同布料的总的面积或周长,以及单个纸样的面积、周长。

操作:单击【纸样】→【总体数据】,弹出【总体数据】对话框,可以查看所需数据,如图2-15所示。

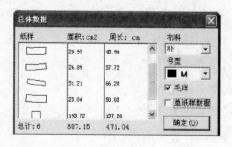

图 2-15

4. 删除当前选中纸样

功能:将工作区中的选中纸样从衣片列表框中删除。

操作:a. 选中要删除的纸样;

b. 单击【纸样】→【删除当前选中纸样】,或者用快捷键 Ctrl+D,弹出对话框;

c. 单击【是】,则当前选中纸样从文件中删除;单击【否】则取消该命令,该纸样没被删除。

5. 清除当前选中纸样

功能:清除当前选中的纸样的修改操作,并把纸样放回衣片列表框中。用于多次修改后再回到修改前的情况。

操作:a. 单击【纸样】→【清除当前选中纸样】;

b. 工作区中选中的纸样被清除,并返回纸样列表框,如果还想对该纸样进行操作,那么就要重新到纸样列表框去点该纸样。

6. 清除纸样放码量

功能:用于清除纸样的放码量。

操作:a. 选中要清除放码量的纸样;

b. 单击【纸样】→【清除纸样放码量】,弹出【清除纸样放码量】对话框;

c. 选择第一选项,点击【确定】即可。

7. 清除纸样的辅助线放码量

功能:用于删除纸样辅助线的放码量。

操作:a. 选中需删除辅助线放码量的纸样;

b. 单击【纸样】→【清除纸样的辅助线放码量】,弹出【清除辅助线放码量】对话框;

c. 选择第一选项,点击【确定】即可。

8. 清除纸样拐角处的剪口。

功能:用于删除纸样拐角处的剪口。

操作:a. 选中需要删除拐角的纸样;

b. 单击【纸样】→【清除纸样拐角处的剪口】,弹出【清除拐角剪口】对话框;

c. 选择第一选项,点击【确定】即可。

9. 清除纸样中文字

功能:清除纸样中用 T 工具写上的文字。(注意:不包括布纹线上下的信息文字)

操作:a. 选中有"T"文字的纸样;

b. 单击【纸样】→【清除纸样中文字】,弹出【清除纸样上的文字】对话框;

c. 选择第一选项,点击【确定】即可。

10. 删除纸样所有辅助线

功能:用于删除纸样的辅助线。

操作:a. 选中需删除辅助线的纸样;

b. 单击【纸样】→【删除纸样所有辅助线】,弹出【删除纸样所有辅助线】对话框;

c. 选择第一选项,点击【确定】即可。

11. 移出工作区全部纸样

功能:将工作区全部纸样移出工作区。

操作:单击【纸样】→【移出工作区全部纸样】,或者用快捷键 F12。

12. 全部纸样进入工作区

功能:将纸样列表框的全部纸样放入工作区。

操作:a. 单击【纸样】→【全部纸样进入工作区】,或者用快捷键 Ctrl + F12;

b. 纸样列表框的全部纸样,会进入工作区。

13. 重新生成布纹线

功能:恢复编辑过的布纹线至原始状态。

操作:a. 选中需要重新定布纹线的纸样;

b. 单击【纸样】→【重新生成布纹线】,弹出【定义布纹线】对话框;

c. 选择第一选项,点击【确定】即可。

14. 辅助线随边线自动放码

功能:将与边线相接的辅助线随边线自动放码。

操作:a. 选中需要随边线放码的纸样;

b. 单击【纸样】→【辅助线随边线自动放码】,弹出【辅助线随边线自动放码】对话框;

c. 选择第一选项,点击【确定】即可。

15. 边线和辅助线分离

功能:使边线与辅助线不关联。使用该功能后选中边线点入码时,辅助线上的放码量保持不变。

操作:a. 选中需要处理边线与辅助线分离的纸样;

b. 单击【纸样】→【边线和辅助线分离】,弹出【边线和辅助线分离】对话框;

c. 选择第一选项,点击【确定】即可。

16. 生成影子

功能:将选中纸样上所有点线生成影子,方便在改版后可以看到改版前的影子。

操作:a. 选中需要生成影子的纸样;

b. 单击【纸样】→【生成影子】。

17. 纸样生成打版草图

功能:将纸样生成新的打版草图。

操作:a. 选中需要生成草图的纸样;

b. 单击【纸样】→【纸样生成打版草图】,弹出【纸样生成打版草图】对话框;

c. 选择第一选项,点击【确定】即可。

18. 角度基准线

功能:在纸样上定位。如在纸样上定袋位,腰位如图 2-16 所示。

操作:

a. 添加基准线

◆在显示标尺的条件下,按住鼠标左键从标尺处直接拖;

◆用 工具选中纸样上两点,单击【纸样】→【角度基准线】。

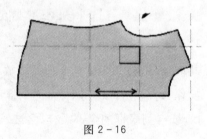

图 2-16

b. 移动基准线

◆用 工具单击基准线移至目标位置;

◆指定尺寸移动基准线:用 工具在要移动的【基准线】上双击,会弹出【基准线】对话框,如图 2-17 所示。

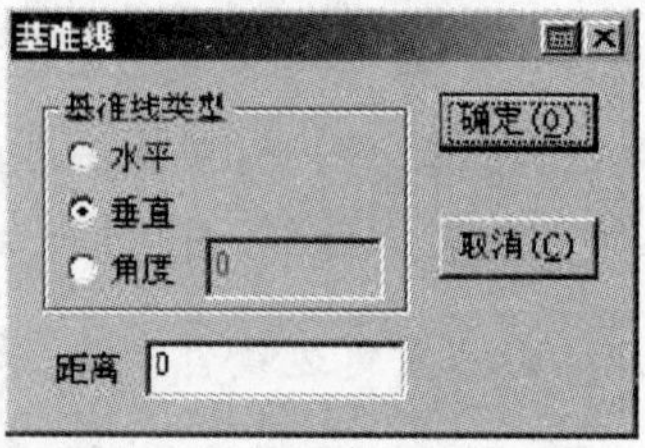

c. 复制基准线

按住 Ctrl 键,用 工具单击基准线,弹出【基

图 2-17

准线】对话框。

d. 删除基准线

◆用 ▨ 工具移动基准线到工作区的边界处即可消失；

◆用 ▨ 工具单击或框选基准线；

◆删除工作区全部基准线按 Ctrl＋Alt＋Shift＋G 即可。

四、【号型】菜单

【号型】菜单如图 2－18 所示。

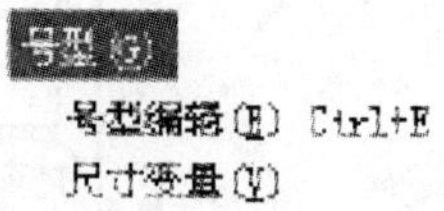

号型(G)

号型编辑(H) Ctrl+E
尺寸变量(V)

图 2－18

功能：设定纸样各部位的尺寸，在"公式法"制图中，利用输入的规格表的各码值，可实现纸样的自动放码。

下面介绍几种命令的功能及操作：

1. 号型编辑

功能：a. 编辑号型尺码及颜色，以便放码；

b. 可以输入服装的规格尺寸，方便打版、自动放码时采用数据，同时也就备份了详细的尺寸资料。

操作：a. 单击【号型】→【号型编辑】，弹出【设置号型规格表】对话框，如图 2－19 所示；

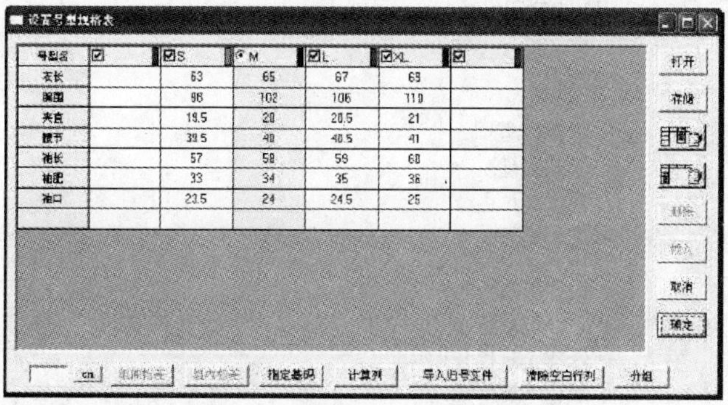

图 2－19

b. 默认为单组，在号型名上单击，会自动附加行（在第二行单击，会自动附加上第三行……），在第一列中可输入款式的部位名称；

c. 在基码（示意图上为 M）上单击，会自动附加码（在第三列单击，会自动附加上第四列……），在第一行中可输入号型名；

d. 在各号型名下可输入各部位对应的尺寸，在号型后面的颜色框上可设置各码的显示色。

2. 尺寸变量

功能：该对话框用于存放线段测量的记录。

操作：单击【号型】→【尺寸变量】，弹出【尺寸变量】对话框，可以查看各码数据，也可以修改尺寸变量符号。方法为:单击变量符号,待其显亮后,单击文本框旁的三角按钮,从中选择变量符号,也可以直接输入变量名,把变量符号修改为变量名,按【确定】即可,如图2-20所示。

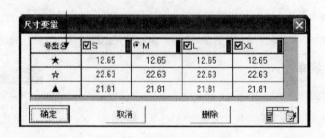

图2-20

五、【显示】菜单

【显示】菜单如图2-21所示。

功能:在系统操作窗口中选择某些工具栏的显示与隐藏,当选项前打√时,表示显示。

六、【选项】菜单

【选项】菜单如图2-22所示。

功能:对操作系统的多种参数进行设置,对纸样、视窗的颜色进行设置,对字体进行设置。下面介绍几种命令的功能及操作:

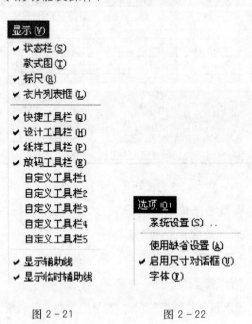

图2-21   图2-22

1.系统设置

功能:系统设置中有多个选项卡,可对系统各项进行设置。

操作:单击【选项】→【系统设置】,弹出【系统设置】对话框,有 8 个选项卡,重新设置任一参数,单击下面的【应用】按钮即可。

2. 字体

功能:用来设置工具信息提示、T 文字、布纹线上的字体、尺寸变量的字体等的字形和大小,也可以把原来设置过的字体再返回到系统默认的字体。

操作:a. 单击【选项】→【字体】,会弹出【选择字体】对话框;

b. 选中需要设置的内容,单击【设置字体】按钮,弹出【字体】对话框,选择合适的字体、字形、大小,单击【确定】,结果会显示在【选择字体】对话框中;

c. 如果想返回系统默认字体,只需在【默认字体】按钮上单击;

d. 单击【确定】,对应的字体就改变。

七、【帮助】菜单

【帮助】菜单如图 2 - 23 所示。

功能:用于查看应用程序版本、VID、版权等相关信

图 2 - 23

息。操作:单击【帮助】→【关于富怡 DGS】,弹出【关于 Design】对话框,查看之后,点击【确定】即可,如图 2 - 24 所示。

图 2 - 24

第三节　快捷工具栏

快捷工具栏用于放置常用命令的快捷图标,为快速完成设计与放码工作提供了极大的方便,如图 2 - 25 所示。

图 2 - 25

1. 【新建】

功能:新建一个空白文档。

操作：a. 单击▯或按 Ctrl＋N，新建一个空白文档；

b. 如果工作区内有未保存的文件，则会弹出【存储档案吗?】对话框，询问是否保存；

c. 单击【是】则会弹出【保存为】对话框，选择好路径输入文件名，按【保存】，则该文件被保存(如已保存过则按原路径保存)。

2. 【打开】

功能：用于打开储存的文件。

操作：a. 单击图标或按 Ctrl＋O，弹出【打开】对话框，如图 2－26 所示；

b. 选择适合的文件类型，按照路径选择文件；

c. 单击【打开】(或双击文件名)，即打开一个保存过的纸样文件。

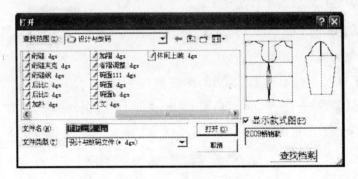

图 2－26

3. 【保存】

功能：用于储存文件。

操作：单击▯或按 Ctrl＋S，第一次保存时弹出【文档另存为】对话框，如图 2－27 所示，指定路径后，在【文件名】文本框内输入文件名，点击【保存】即可。

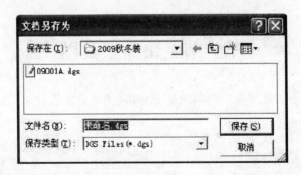

图 2－27

4. 【读纸样】

功能：借助数化板、鼠标，可以将手工做的基码纸样或放好码的网状纸样输入计算机中。

操作：a. 用胶带把纸样贴在数化板上；

b. 单击 🖉 图标,弹出【读纸样】对话框,如图 2 - 28 所示,用数化板的鼠标的 + 字准星对准需要输入的点(参见十六键鼠标各键的预置功能),按顺时针方向依次读入边线各点,按 2 键纸样闭合;

图 2 - 28

c. 这时会自动选中开口辅助线 🔲 (如果需要输入闭合辅助线单击 🔲,如果是挖空纸样单击 🔲),根据点的属性按下对应的键,每读完一条辅助线或挖空一个地方或闭合辅助线,都要按一次 2 键;

d. 根据附表中的方法,读入其他内部标记;

e. 单击对话框中的【读新纸样】,则先读的一个纸样出现在纸样列表内,【读纸样】对话框空白,此时可以读入另一个纸样;

f. 全部纸样读完后,单击【结束读样】。

5. 🖼️【数码输入】

功能:打开用数码相机拍的纸样图片文件或扫描图片文件。比数字化仪读纸样效率高。

操作:该命令对图像要求较高,操作精度较差,故省略。

6. 📠【绘图】

功能:按比例绘制纸样或结构图。

操作:a. 把需要绘制的纸样或结构图在工作区中排好,如果是绘制纸样也可以单击【编辑】→【自动排列绘图区】;

b. 按 F10 键,显示纸张宽边界(若纸样出界,布纹线上有圆形红色警示,则需把该纸样移入界内);

c. 单击 📠 图标,弹出【绘图】对话框,如图 2 - 29 所示;

d. 选择需要的绘图比例及绘图方式,在不需要绘图的尺码上单击使其没有颜色填充;

e. 单击【设置】弹出【绘图仪】对话框,如图 2 - 30 所示,在对话框中设置当前绘图仪型号、纸张大小、预留边缘、工作目录等等,单击【确定】,返回【绘图】对话框;

f. 单击【确定】即可绘图。

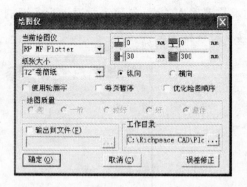

图 2 – 29　　　　　　　　　　　　　　　　图 2 – 30

7. 【撤销】

功能：用于按顺序取消做过的操作指令，每按一次可以撤销一步操作。

操作：单击 图标，或按 Ctrl + Z，或击鼠标右键，再单击【Undo】。

8. 【重新执行】

功能：把撤销的操作再恢复，每按一次就可以复原一步操作，可以执行多次。

操作：单击 图标，或按 Ctrl + Y。

9. 【显示/隐藏变量标注】

功能：同时显示或隐藏所有的变量标注。

操作：a. 用 比较长度、 测量两点间距离工具记录的尺寸；

b. 单击 ，选中为显示，没选中为隐藏。

10. 【显示/隐藏结构线】

功能：选中该图标，为显示结构线，否则为隐藏结构线。

操作：单击 图标，图标凹陷为显示结构线；再次单击，图标凸起为隐藏结构线。

11. 【显示/隐藏纸样】

功能：选中该图标，为显示纸样，否则为隐藏纸样。

操作：单击 图标，图标凹陷为显示纸样；再次单击，图标凸起为隐藏纸样。

12. 【仅显示一个纸样】

功能：a. 选中 图标时，工作区只有一个纸样并且以全屏方式显示，也即纸样被锁定。没选中该图标，则工作区可以同时显示多个纸样。

b. 纸样被锁定后，只能对该纸样操作，这样可以排除干扰，也可以防止对其他纸样的误操作。

操作:a. 选中纸样,再单击该图标,图标凹陷,纸样被锁定;

b. 单击纸样列表框中其他纸样,即可锁定新纸样;

c. 单击该图标,图标凸起,可取消锁定。

13. 【将工作区的纸样收起】

功能:将选中纸样从工作区收起。

操作:a. 用 选中需要收起的纸样;

b. 单击 图标,则选中纸样被收起。

14. 【按布料种类分类显示纸样】

功能:按照布料名把纸样窗的纸样放置在工作区中。

操作:a. 用鼠标单击 图标,弹出【按布料类型显示纸样】的对话框,如图 2 – 31 所示;

b. 选择需要放置在工作区的布料名称,单击【确定】即可。

15. 【点放码表】

功能:对单个点或多个点放码时用的功能表。

操作:a. 单击 图标,弹出【点放码表】,如图 2 – 32 所示;

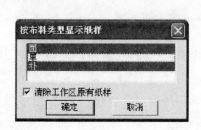

图 2 – 31

图 2 – 32

b. 用 单击或框选放码点,dx、dy 栏激活;

c. 可以在除基码外的任何一个码中输入放码量;

d. 再选择单击 中相应的放码按钮,即可完成该点的放码。

16. 【定型放码】

功能:用该工具可以让其他码的曲线的弯曲程度与基码的一样。

操作:a. 用 选中需要定型处理的线段;

b. 单击 图标即可。

17. 【等幅高放码】

功能:两个放码点之间的曲线按照等高的方式放码。

操作：a. 用 ⬉ 选中需要等幅高处理的线段；

b. 单击 ⬇ 图标即可。

18. ⬤【颜色设置】

功能：用于设置纸样列表框、工作视窗和纸样号型的颜色。

操作：a. 单击⬤图标，弹出【设置颜色】对话框，该框中有三个选项卡，如图 2-33 所示；

b. 单击选中选项卡名称，单击选中修改项，再单击选择一种颜色，按【应用】即可改变所选项的颜色，可同时设置多个选项，最后按【确定】即可。

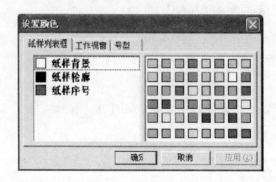

图 2-33

19. ■▾【线颜色】

功能：用于设定或改变结构线的颜色。

操作：a. 设定线颜色：单击 ■▾ 的下拉列表，单击选中合适的颜色，这时用画线工具画出的线为选中的线颜色；

b. 改变线的颜色：单击 ■▾ 下拉列表，选中所需颜色，再用设置 〰【线的颜色类型】工具在线上击右键或右键框选线即可。

20. ——▾【线类型】

功能：用于设定或改变结构线类型。

操作：a. 设定线类型：单击 ——▾ 下拉列表，选中线型，这时用画线工具画出的线为选中的线类型；

b. 改变已做好的结构线线型或辅助线的线型：单击 ——▾ 下拉列表，选中适合的线类型，再选中 〰 工具，在需要修改的线上单击左键或左键框选线。

21. 2【等份数】

功能：用于等分线段。

操作：图标框中的数字是多少就会把线段等分成多少等份。

22. 〰▾【曲线显示形状】

功能：用于改变线的形状。

操作:选中〰〰工具,单击〰〰▾下拉列表选中需要的曲线形状,此时可以设置线型的宽与高,先宽后高,输入宽的数据后按回车再输入高的数据,用左键单击需要更改的线即可。

23. ▭▾【辅助线的输出类型】

功能:设置纸样辅助线输出的类型。

操作:选中〰〰工具,单击▭▾下拉列表选中需要的输出方式,用左键单击需要更改的线即可。设了全刀,辅助线的一端会显示全刀的符号;设了半刀,辅助线的一端会显示半刀的符号。

24. ▦【播放演示】

功能:播放工具操作的录像。

操作:选中▦,再单击任意工具,就会播放该工具的视频录像。

25. ▨【帮 助】

功能:工具使用帮助的快捷方式。

操作:选中▨工具,再单击任意工具图标,就会弹出【富怡设计与放码 CAD 系统在线帮助】对话框,在对话框里会告知此工具的功能和操作。

第四节　设计工具栏

设计工具栏如图 2-34 所示。

图 2-34

1. ▶【调整工具】

功能:用于调整曲线的形状,修改曲线上控制点的个数,曲线点与转折点的转换,改变钻孔、扣眼、省、褶的属性。

操作:

① 调整单个控制点

a. 用 ▶ 工具在曲线上单击,线被选中,单击线上的控制点,拖动至满意的位置,单击即可。当显示弦高线时,此时按小键盘数字键可改变弦的等份数,移动控制点可调整至弦高线上,光标上的数据为曲线长和调整点的弦高,如图 2-35 所示(显示/隐藏弦高:Ctrl+H)。

b. 定量调整控制点:用 ▶ 工具选中线后,把光标移在控制点上,敲回车键,弹出【移动量】对话框,输入相应参数,确定即可,如图 2-36 所示。

调整曲线上的控制点　　　　　　　　　　按数字键并调整控制点位置

图 2 - 35

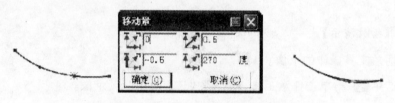

图 2 - 36

c. 在线上增加控制点、删除曲线或折线上的控制点：单击曲线或折线，使其处于选中状态，在没点的位置用左键单击为加点（或按 Insert 键），或把光标移至曲线点上，按 Insert 键可使控制点可见，在有点的位置单击右键为删除（或按 Delete 键）。

d. 在选中线的状态下，把光标移至控制点上按 Shift 键可在曲线点与转折点之间切换。在曲线与折线的转折点上，如果把光标移在转折点上击鼠标右键，曲线与直线的相交处自动顺滑，在此转折点上如果按 Ctrl 键，可拉出一条控制线，可使得曲线与直线的相交处顺滑相切。

e. 用 ▶ 工具在曲线上单击，线被选中，敲小键盘的数字键，可更改线上的控制点个数。

② 调整多个控制点

a. 按比例调整多个控制点（图 2 - 37）

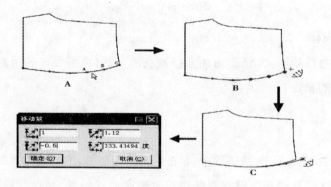

图 2 - 37

· 如果在调整结构线上调整，先把光标移在线上，拖选 AC，光标变为平行拖动 如 B；

· 按 Shift 键切换成按比例调整光标 如 B，单击点 C 并拖动，弹出【比例调整】对话框（如果目标点是关键点，直接把点 C 拖至关键点即可。如果需在水平或垂直或在 45 度方向上调整按住 Shift 键即可）；

· 输入调整量,点击【确定】即可。

b. 平行调整多个控制点(图2-38)

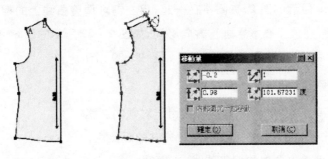

图2-38

操作:拖选需要调整的点,光标变成平行拖动,单击其中的一点拖动,弹出【平行调整】对话框,输入适当的数值,确定即可。

c. 移动框内所有控制点

操作:左键框选按回车键,会显示控制点,在对话框输入数据,这些控制点都会偏移。

d. 只移动选中的所有线

操作:右键框选线按回车键,输入数据,点击【确定】即可。

③ 修改钻孔(眼位或省褶)的属性及个数

操作:用该工具在钻孔(眼位或省褶)上单击左键,可调整钻孔(眼位或省褶)的位置。单击右键,会弹出钻孔(眼位或省褶)的属性对话框,修改其中参数。

2. 【合并调整】

功能:将线段移动旋转后调整,常用于前后袖笼、下摆、省道、前后领口及肩点拼接处等位置的调整。适用于纸样、结构线。

操作:a. 如图2-39所示的图1,用鼠标左键依次点选或框选要圆顺处理的曲线a、b、c、d,击右键;

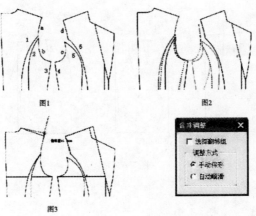

图2-39

b. 如图 2－39 所示的图 1,再依次点选或框选与曲线连接的线 1、线 2、线 3、线 4、线 5、线 6,击右键,弹出对话框;

c. 如图 2－39 所示的图 2,夹圈拼在一起,用左键可调整曲线上的控制点;如果调整公共点按 Shift 键,则该点在水平垂直方向移动,如图 2－39 所示的图 3;

d. 调整满意后,击右键即可,操作过程如图 2－39 所示。

3. 【对称调整】

功能:对纸样或结构线对称后调整,常用于对领的调整。

操作:a. 单击或框选对称轴(或单击对称轴的起止点);

b. 再框选或者单击要对称调整的线,击右键;

c. 用该工具单击要调整的线,再单击线上的点,拖动到适当位置后单击;

d. 调整完所需线段后,击右键结束操作,如图 2－40 所示。

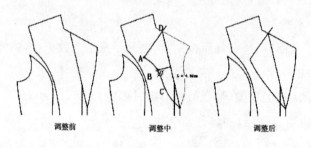

图 2－40

4. 【省褶合起调整】

功能:把纸样上的省、褶合并起来调整。只适用于纸样。

操作:a. 如图 2－41 所示的图 1,用该工具依次点击省 1、省 2 后击右键后为图 2－41 所示的图 2;

b. 单击中心线,如图 2－41 所示的图 3,就用该工具调整省合并后的腰线,满意后击右键,操作如图 2－41 所示。

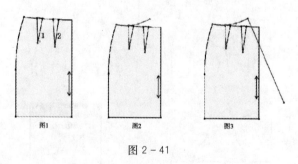

图 2－41

5. 【合并省】

功能:将省去掉或改变省的大小,并且可把指定边线改变。

操作:a. 用 $\forall$ 工具先单击不动的点(臀围点 A),再单击省宽点 B,如图 2 - 42 所示。

b. 如果要去掉省,再单击另一省宽点 C 即可。

c. 如果只是改变省的大小,移动光标并且在空白位置单击,弹出【合并省】对话框,如图 2 - 43 所示。

d. 输入新的省宽,单击【确定】即可。

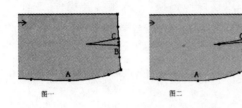

图一　　　　　图二

图 2 - 42

图 2 - 43

6. 【曲线定长调整】

功能:在曲线长度保持不变的情况下,调整其形状。对结构线、纸样均可操作。

操作:a. 用 工具点击曲线,曲线被选中;

b. 拖动控制点到满意位置单击即可。

7. 【线调整】

功能:光标为 $+_\gamma$ 时可检查或调整两点间曲线的长度、两点间直度,也可以对端点偏移调整,光标为 $+_\ast$ 时可自由调整一条线的一端点到目标位置上。适用于纸样、结构线。

操作:a. 光标为 $+_\gamma$ 时,用 工具点选或者框选一条线,弹出【线调整】对话框,如图 2 - 44 所示;选择调整项,输入恰当的数值,确定即可调整。

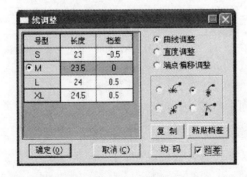

图 2 - 44

b. 光标为 $+_\ast$ 时,框选或点选线,线的一端即可自由移动。

8. 【智能笔】

功能:综合了画线、作矩形、调整线的长度、连角、加省山、删除、单向靠边、双向靠边、移动(复制)点线、转省、剪断(连接)线、收省、不相交等距线、相交等距线、圆规、三角板、偏移点(线)、水平垂直线、偏移等多种功能。

操作:① 单击左键

a. 单击 ⟋ 工具并左键则进入【画线】工具。

· 在空白处或关键点或交点或线上单击,进入画线操作;

· 光标移至关键点或交点上,按回车以该点作偏移,进入画线类操作;

· 在确定第一个点后,单击右键切换丁字尺(水平/垂直/45 度线)、任意直线。用 Shift 键切换折线与曲线;

b. 按下 Shift 键,单击左键则进入【矩形】工具(常用于从可见点开始画矩形的情况)。

② 单击右键

a. 单击 ⟋ 工具,在线上单击右键则进入【调整工具】;

b. 按下 Shift 键,在线上单击右键则进入【调整线长度】。在线的中间击右键为两端不变,调整曲线长度。如果在线的一端击右键,则在这一端调整线的长度。

③ 左键框选

a. 如果左键框住两条线后单击右键为【角连接】。(图 2－45)

鼠标在所示之处击右键　　　连角后的两线段

图 2－45

b. 如果左键框选四条线后,单市右键则为【加省山】。(图 2－46)

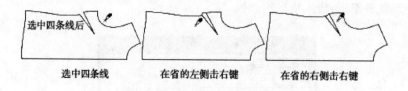

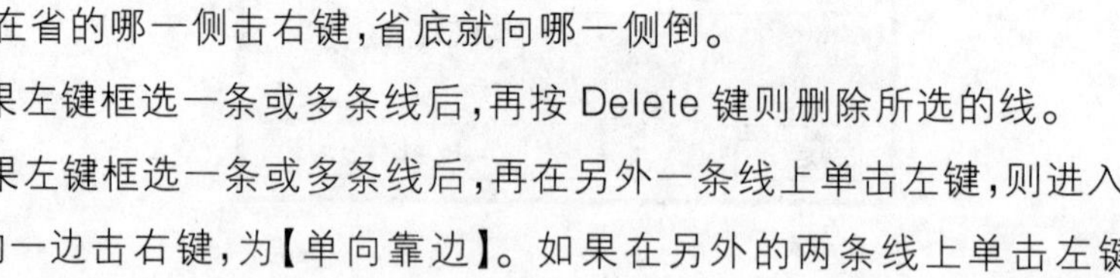

选中四条线　　　在省的左侧击右键　　　在省的右侧击右键

图 2－46

说明:在省的哪一侧击右键,省底就向哪一侧倒。

c. 如果左键框选一条或多条线后,再按 Delete 键则删除所选的线。

d. 如果左键框选一条或多条线后,再在另外一条线上单击左键,则进入【靠边】功能,在需要线的一边击右键,为【单向靠边】。如果在另外的两条线上单击左键,为【双向靠边】。(图 2－47)

e. 左键在空白处框选进入【矩形】工具。

f. 按下 Shift 键,如果左键框选一条或多条线后,单击右键为【移动(复制)】功能,用 Shift 键切换复制或移动,按住 Ctrl 键,为任意方向移动或复制。

g. 按下 Shift 键,如果左键框选一条或多条线后,单击左键选择线则进入【转省】功能。

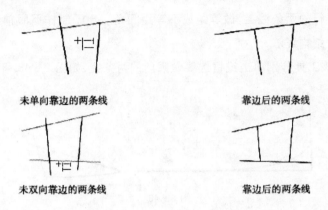

未单向靠边的两条线　　　　　靠边后的两条线

未双向靠边的两条线　　　　　靠边后的两条线

图 2 - 47

④ 右键框选

a. 右键框选一条线则进入【剪断(连接)线】功能。

b. 按下 Shift 键,右键框选一条线则进入【收省】功能。

⑤ 左键拖拉

a. 在空白处,用左键拖拉进入【画矩形】功能;

b. 左键拖拉线进入【不相交等距线】功能;

c. 在关键点上按下左键拖动到一条线上放开进入【单圆规】;

d. 在关键点上按下左键拖动到另一个点上放开进入【双圆规】;

e. 按下 Shift 键,左键拖拉线则进入【相交等距线】,再分别单击相交的两边;

f. 按下 Shift 键,左键拖拉选中两点则进入【三角板】,再点击另外一点,拖动鼠标,做选中线的平行线或垂直线。

⑥ 右键拖拉

a. 在关键点上,右键拖拉进入【水平垂直线】(右键切换方向);

b. 按下 Shift 键,在关键点上,右键拖拉点进入【偏移点/偏移线】(用右键切换保留点/线)。

9. ▭【矩形】

功能:用来做矩形结构线、纸样内的矩形辅助线。

操作:a. 用 ▭ 工具在工作区空白处或关键点上单击左键,当光标显示 X、Y 时,输入长与宽的尺寸(用回车输入长与宽,最后回车确定);

b. 或拖动鼠标后,再次单击左键,弹出【矩形】对话框,在对话框中输入适当的数值,单击【确定】即可;

c. 用该工具在纸样上做出的矩形,为纸样的辅助线。

10. **⌐【圆角】**

功能:在不平行的两条线上,做等距或不等距圆角。用于制作西服前幅底摆,圆角口袋。适用于纸样、结构线。

操作:a. 用该工具分别单击或框选要做圆角的两条线,如图 2 - 48 所示的线 1、线 2;

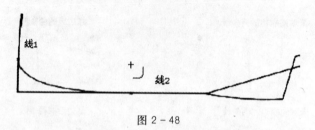

图 2 - 48

b. 在线上移动光标,此时按 Shift 键在曲线圆角与圆弧圆角间切换,击右键光标可在
⁺⌐与⁺⌐之间切换(⁺⌐为切角保留,⁺⌐为切角删除);

c. 再单击弹出对话框,输入适合的数据,点击【确定】即可。

11. **⌒【三点圆弧】**

功能:过三点可画一段圆弧线或画三点圆。适用于画结构线、纸样辅助线。

操作:a. 按 Shift 键在三点圆⟲与三点圆弧⌒间切换;

b. 切换成⟲光标后,分别单击三个点即可作出一个三点圆;

c. 切换成⌒光标后,分别单击三个点即可作出一段弧线。

12. **⌒【CR 圆弧】**

功能:画圆弧、画圆。适用于画结构线、纸样辅助线。

操作:a. 按 Shift 键在 CR 圆⊙与 CR 圆弧⌒间切换;

b. 光标为⊙时,在任意一点单击定圆心,拖动鼠标再单击,弹出【半径】对话框;

c. 输入圆的适当的半径,单击【确定】即可。

13. **◯【椭圆】**

功能:在草图或纸样上画椭圆。

操作:用◯工具在工作区单击拖动再单击,弹出对话框;输入适当数值,确定即可,如图 2 - 49 所示。

14. **↗【角度线】**

功能:作任意角度线,过线上(线外)一点作垂线、切线(平行线)。结构线、纸样上均可操作。

操作:① 在已知直线或曲线上作角度线

a. 如图 2 - 50 所示,点 C 是线 AB 上的一点。先单击线 AB,再单击点 C,此时出现两

条相互垂直的参考线,按 Shift 键,两条参考线在图 1 与图 2 间切换;

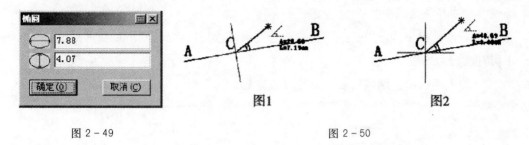

图 2 - 49   图 2 - 50

b. 在图 2 - 50 中任一情况下,击右键切换角度起始边,图 2 - 51 是图 2 - 50 中的图 1 的切换图;

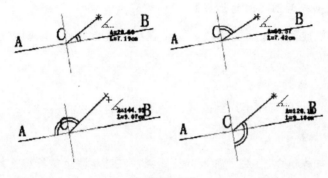

图 2 - 51

c. 在所需的情况下单击左键,弹出【角度线】对话框;输入适当数值,单击【确定】即可。

② 过线上一点或线外一点作垂线(图 2 - 52)

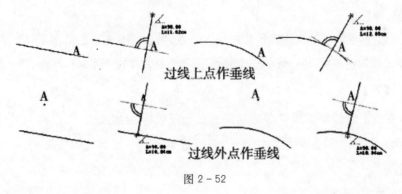

图 2 - 52

a. 选择 ⁀ 工具,单击线,再单击点 A,此时出现两条相互垂直的参考线,按 Shift 键,切换参考线与所选线重合;

b. 移动光标使其与所选线垂直的参考线靠近,光标会自动吸附在参考线上,单击弹出对话框;

c. 输入垂线的长度,单击【确定】即可。

③ 过线上一点作该线的切线或过线外一点作该线的平行线(图 2 - 53)

a. 选择 ⚲ 工具,单击线,再单击点 A,此时出现两条相互垂直的参考线,按 Shift 键,切换参考线与所选线平行;

b. 移动光标使其与所选线平行的参考线靠近,光标会自动吸附在参考线上,单击,弹出【角度线】对话框;

c. 输入平行线或切线的长度,单击【确定】即可。

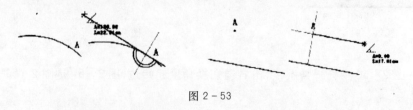

图 2 - 53

15. ⚲ 【点到圆或两圆之间的切线】

功能:作点到圆或两圆之间的切线。既可在结构线上操作,也可以在纸样的辅助线上操作。

操作:a. 单击点或圆;

b. 单击另一个圆,即可作出点到圆或两个圆之间的切线。

16. ⚲ 【等份规】

功能:在线上加等份点、在线上加反向等距点。在结构线上或纸样上均可操作。

操作:a. 用 Shift 键可切换在线上加两等距光标 ⌂ 与等份线段光标 ⌂ (右键来切换,实线为拱桥等份);

b. 在线上加反向等距点:单击线上的关键点,沿线移动鼠标再单击,在弹出的对话框中输入数据,确定即可;

c. 等份线段:在快捷工具栏等份数中输入份数,再用左键在线上单击即可。如果在局部线上加等份点或等份拱桥,单击线的一个端点后,再在线中单击一下,再单击另外一端即可。

17. ⚲ 【点】

功能:在线上定位加点或空白处加点。适用于纸样、结构线。

操作:a. 用 ⚲ 工具在要加点的线上单击,靠近点的一端会出现亮星点,并弹出【点的位置】对话框;

b. 输入数据,确定即可。

18. ⚲ 【圆规】

功能:单圆规:作从关键点到一条线上的定长直线。常用于画肩斜线、夹直、裤子后腰、袖山斜线等。

双圆规:通过指定两点,同时作出两条指定长度的线。常用于画袖山斜线、西装驳头等。纸样、结构线上都能使用。

操作：a. 单圆规：以后片肩斜线为例，用 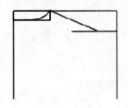 工具，单击领宽点，释放鼠标，再单击落肩线，弹出【单圆规】对话框，输入小肩的长度，按【确定】即可，如图2-54所示；

图2-54

b. 双圆规：(袖肥一定，根据前后袖山弧线定袖山点)分别单击袖肥的两个端点A点和B点，向线的一边拖动并单击后弹出【双圆规】对话框，输入第1边和第2边的数值，单击【确定】，找到袖山点，如图2-55所示。

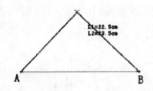
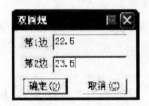

图2-55

19. 【剪断线】

功能：用于将一条线从指定位置断开，变成两条线。或把多段线连接成一条线。既可以在结构线上操作，也可以在纸样辅助线上操作。

操作：a. 用该工具在需要剪断的线上单击，线变色，再在非关键点上单击，弹出【点的位置】对话框；

b. 输入恰当的数值，点击【确定】即可；

c. 用该工具框选或分别单击需要连接的线，击右键即可。

20. 【关联/不关联】

功能：端点相交的线在用调整工具调整时，使用过关联的两端点会一起调整，使用过不关联的两端点不会一起调整。在结构线、纸样辅助线上均可操作。端点相交的线默认为关联。

操作：a. 为关联光标，为不关联光标，两者之间用 Shift 键来切换。

b. 用关联工具框选或单击两线段，即可关联两条线相交的端点。

c. 用不关联工具框选或单击两线段，即可不关联两条线相交的端点。

21. 【橡皮擦】

功能：用来删除结构图上的点、线，纸样上的辅助线、剪口、钻孔、省等。

操作：a. 用工具直接在点、线上单击即可；

b. 如果要擦除集中在一起的点、线,左键框选即可。

22. 【收省】

功能:在结构线上插入省道。只适用于在结构线上操作。

操作:a. 用 工具依次点击收省的边线、省线,弹出【省宽】对话框;

b. 在对话框中,输入省量;

c. 点击【确定】后,移动鼠标,在省倒向的一侧单击左键;

d. 用左键调整省底线,最后击右键完成。

23. 【加省山】

功能:给省道上加省山。适用于在结构线上操作。

操作:a. 用 工具,依次单击倒向一侧的曲线或直线(如图 2 - 56 所示,省倒向侧缝边,先单击 1,再单击 2);

b. 再依次单击另一侧的曲线或直线(如图示先单击 3,再单击 4),省山即可补上。如果两个省都向前中线倒,那么可依次点击 4、3、2、1、d、c、b、a。

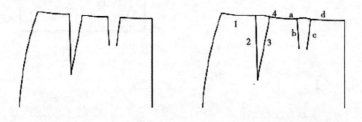

图 2 - 56

24. 【插入省褶】

功能:在选中的线段上插入省褶,纸样、结构线上均可操作。常用于制作泡泡袖、立体口袋等。

操作:有展开线,操作如图 2 - 57 所示。

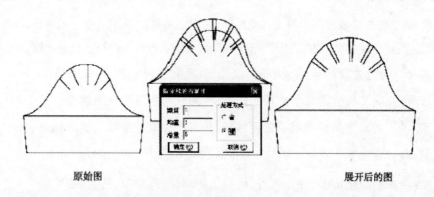

原始图　　　　　　　　　　　　展开后的图

图 2 - 57

a. 用![](工具框选插入省的线,击右键(如果插入省的线只有一条,也可以单击);

b. 框选或单击省线或褶线,击右键,弹出【指定线的省展开】对话框;

c. 在对话框中输入省量或褶量,选择需要的处理方式,确定即可。

无展开线的操作如图 2 – 58 所示:

a. 用![](工具框选插入省的线,击右键两次,弹出【指定段的省展开】对话框(如果插入省的线只有一条,也可以单击左键再击右键,弹出【指定段的省展开】对话框);

b. 在对话框中输入省量或褶量、省褶长度等,选择需要的处理方式,确定即可。

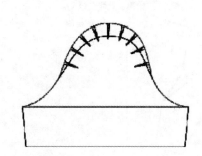
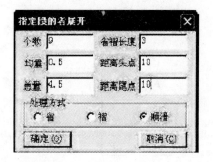

图 2 – 58

25. ![]【转省】

功能:用于将结构线上的省作转移。可同心转省,也可以不同心转,可全部转移也可以部分转移,也可以等分转省,转省后新省尖可在原位置也可以不在原位置。适用于在结构线上的转省。

操作:a. 选择![]工具,框选所有转移的线;

b. 单击新省线(如果有多条新省线,可框选);

c. 单击一条线确定合并省的起始边,或单击关键点作为转省的旋转圆心;

d. 全部转省:单击合并省的另一边(用左键单击另一边,转省后两省长相等,如果用右键单击另一边,则新省尖位置不会改变),如图 2 – 59 所示;

部分转省:按住 Ctrl 键,单击合并省的另一边(用左键单击另一边,转省后两省长相等,如果用右键单击另一边,则新省尖位置不会改变);

等分转省:输入数字为等分转省,再单击合并省的另一边(用左键单击另一边,转省后两省长相等,如果用右键单击另一边,则不修改省尖位置)。

26. ![]【褶展开】

功能:用褶将结构线展开,同时加入褶的标志及褶底的修正量。只适用于在结构线上操作。

操作:a. 用![]工具单击/框选操作线,按右键结束;

b. 单击上段线,如有多条则框选并按右键结束(操作时要靠近固定的一侧,系统会有

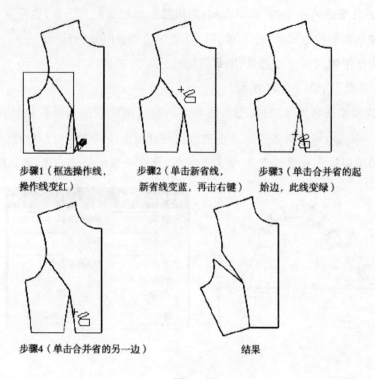

步骤1（框选操作线，操作线变红）　步骤2（单击新省线，新省线变蓝，再击右键）　步骤3（单击合并省的起始边，此线变绿）

步骤4（单击合并省的另一边）　　　　　　　　结果

图 2 - 59

提示）；

c. 单击下段线，如有多条则框选并按右键结束（操作时要靠近固定的一侧，系统会有提示）；

d. 单击/框选展开线，击右键，弹出【刀褶/工字褶展开】对话框（可以不选择展开线，需要在对话框中输入插入褶的数量）；

e. 在弹出的对话框中输入数据，按【确定】键结束，如图 2 - 60 所示。

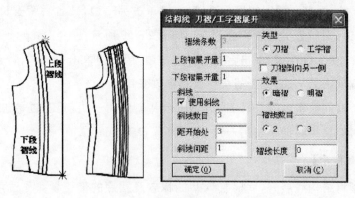

图 2 - 60

27. 【分割/展开/去除余量】

功能：对结构线进行修改，可对一组线展开或去除余量。常用于对领、荷叶边、大摆裙等的处理。在纸样、结构线上均可操作。

操作：a. 用工具框选(或单击)所有操作线，击右键；

b. 单击不伸缩线(如果有多条框选后击右键)；

c. 单击伸缩线(如果有多条框选后击右键)；

d. 如果有分割线，单击或框选分割线，单击右键确定固定侧，弹出【单向展开或去除余量】对话框(如果没有分割线，单击右键确定固定侧，弹出【单向展开或去除余量】对话框)；

e. 输入恰当的数据，选择合适的选项，确定即可，如图 2 - 61 所示。

按照指定分割线伸缩

图 2 - 61

28. ☺【荷叶边】

功能：做螺旋荷叶边。只针对结构线操作。

操作：a. 选择☺工具在工作区的空白处单击左键，在弹出的【荷叶边】对话框可输入新的数据，按【确定】即可，如图 2 - 62 所示。

图 2 - 62

b. 选择☺工具单击或框选所要操作的线后，击右键，弹出【荷叶边】对话框，有 3 种生成荷叶边的方式，选择其中的一种，按【确定】即可，如图 2 - 63 所示。(螺旋 3 可更改数据)

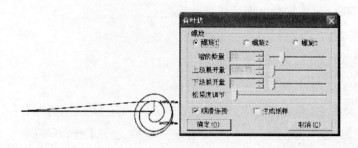

图 2 - 63

29. 【比较长度】

功能:用于测量一段线的长度、多段线相加所得总长、比较多段线的差值,也可以测量剪口到点的长度。在纸样、结构线上均可操作。

操作:① 测量一段线的长度或多段线之和

a. 选择 工具,弹出【长度比较】对话框;

b. 在长度、水平 X、垂直 Y 上选择需要的选项;

c. 选择需要测量的线,长度即可显示在表中。

② 比较多段线的差值

如图 2 - 64 所示,比较袖山弧长与前后袖笼的差值:

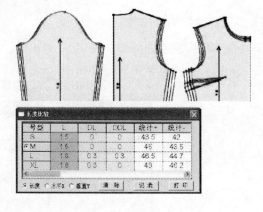

图 2 - 64

a. 选择该工具,弹出【长度比较】对话框;

b. 选择【长度】选项;

c. 单击或框选袖山曲线击右键,再单击或框选前后袖笼曲线,表中【L】为容量。

30. 【测量两点间距离】

功能:用于测量两点(可见点或非可见点)间或点到线直线距离或水平距离或垂直距离、两点多组间距离总和或两组间距离的差值。在纸样、结构线上均能操作。在纸样上可以匹配任何号型。

操作:① 测量肩点至中心线的垂直距离(图 2 - 65)

选择 ┿⊥ 工具后,分别单击肩点与中心线,【测量】对话框即可显示两点间的距离、水平距离、垂直距离。

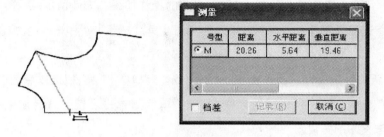

图 2 - 65

② 测量半胸围(图 2 - 66)

a. 切换成该工具;

b. 分别单击点 A 与中心线 c;

c. 再单击点 B 与中心线 d,【测量】对话框即可显示两点间的距离、水平距离、垂直距离。

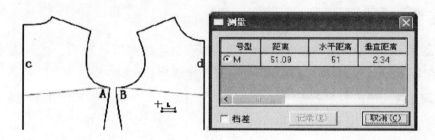

图 2 - 66

③ 测量前腰围与后腰围的差值(图 2 - 67)

a. 用该工具分别单击点 A、点 B、点 C、点 D,击右键;

b. 再分别单击点 E、点 F、点 G、前中心线,【测量】对话框即可显示两点间的距离、水平距离、垂直距离。

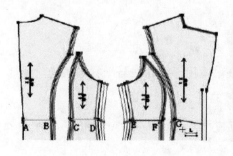

图 2 - 67

31. 【量角器】

功能:测量一条线的水平夹角、垂直夹角;测量两条线的夹角;测量三点形成的角;测量两点形成的水平角、垂直角。

操作:a. 测量一条线的水平夹角、垂直夹角的操作如图 2－68 所示:选择量角器工具,用左键框选或点选需要测量的一条线,击右键,弹出【角度测量】对话框,测量肩斜线 AB 的角度。

b. 测量两条线的夹角的操作如图 2－69 所示:选择量角器工具,框选或点选需要测量的两条线,击右键,弹出【角度测量】对话框,显示的角度为单击右键位置区域的夹角,测量后幅肩斜线与夹圈的角度。

图 2－68　　　　　　　　　　　　　　　图 2－69

c. 测量三点形成的角的操作如图 2－70 所示:测量点 A、点 B、点 C 三点形成的角度,先单击点 A,再分别单击点 B、点 C,即可弹出【角度测量】对话框。

d. 测量两点形成的水平角、垂直角的操作如图 2－71 所示:按下 Shift 键,点击需要测量的两点,即可弹出【角度测量】对话框。

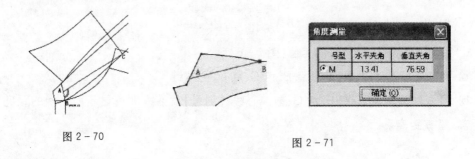

图 2－70　　　　　　　　　　　　　　图 2－71

32. 【旋转】

功能:用于旋转复制或旋转一组点或线。适用于结构线与纸样辅助线。

操作:a. 选择旋转工具,单击或框选旋转的点、线,击右键;

b. 单击一点,以该点为轴心点,再单击任意点为参考点,拖动鼠标旋转到目标位置。

33. 【对称】

功能:根据对称轴对称复制(对称移动)结构线或纸样。

操作:a. 该工具可以线单击两点或在空白处单击两点,作为对称轴;

b. 框选或单击所需复制的点线或纸样,击右键完成。

34. 🔲🔲【移动】

功能:用于复制或移动一组点、线、扣眼、扣位等。

操作:a. 用🔲🔲工具框选或点选需要复制或移动的点线,击右键;

b. 单击任意一个参考点,拖动到目标位置后单击即可;

c. 单击任意参考点后,击右键,选中的线在水平方向或垂直方向上镜像。

注:a. 该工具默认为复制,复制光标为$+^{x2}$,复制与移动用 Shift 键来切换,移动光标为$+$;

b. 按下 Ctrl 键,在水平或垂直方向上移动;

c. 复制或移动时按 Enter 键,弹出【位置偏移】对话框;

d. 对纸样边线只能复制不能移动,即使在移动功能下移动边线,原来纸样的边线也不会被删除。

35. 🖐【对接】

功能:用于把一组线向另一组线上对接。

操作:方法 a:用🖐工具让光标靠近领宽点,单击后幅肩斜线;再单击前幅肩斜线,光标靠近领宽点,击右键;框选或单击后幅需要对接的点线,最后击右键完成,如图 2 - 72 所示。

方法 b:用🖐工具依次单击图 2 - 73 中的 1、2、3、4 点,再框选或单击后幅需要对接的点线,击右键完成。

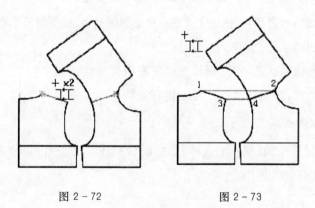

图 2 - 72　　　　　　　　图 2 - 73

36. ✂【剪刀】

功能:用于从结构线或辅助线上拾取纸样。

操作:方法 a:用✂工具单击或框选围成纸样的线,最后击右键,系统按最大区域形成纸样。

方法 b:按住 Shift 键,用 ✂ 工具单击形成纸样的区域,则有颜色填充,可连续单击多个区域,最后击右键完成。

方法 c:用 ✂ 工具单击线的某端点,按一个方向单击轮廓线,直至形成闭合的图形。拾取时如果后面的线变成绿色,击右键则可将后面的线一起选中,完成拾样。

单击线、框选线、按住 Shift 键单击区域填色,第一次操作为选中,再次操作为取消选中。三种操作都是在最后击右键形成纸样,工具即可变成衣片辅助线工具。

方法 d:选择 ✂ 并击右键,光标变为 ⁺🄑,单击纸样,相对应的结构线变蓝色;用该工具单击或框选所需线段,击右键即可;如果希望将边界外的线拾取为辅助线,那么直线点选两个点在曲线上点击 3 个点来确定。

37. ⬖【拾取内轮廓】

功能:在纸样内挖空心图。可以在结构线上拾取,也可以将纸样内的辅助线形成的区域挖空。

操作:方法 a:用 ⬖ 工具在工作区纸样上击右键两次选中纸样,纸样的原结构线变色;单击或框选要生成内轮廓的线;最后击右键即可。

方法 b:用 ⬖ 工具单击或框选纸样内的辅助线,最后击右键完成。

38. ▨【设置线的颜色、线型】

功能:用于修改结构线的颜色、线类型以及纸样辅助线的线类型与输出类型。

▭▾ 用来设置粗细实线及各种虚线;〰▾ 用来设置各种线类型;

▭✎▾ 用来设置纸样内部线是绘制、切割、半刀切割。

操作:a. 选中线型设置工具,快捷工具栏右侧会弹出颜色、线类型及切割画的选择框;

b. 选择合适的颜色、线型等;

c. 设置线型及切割状态,用左键单击线或左键框选线;

d. 设置线的颜色,用右键单击线或右键框选线。

39. ▤【加入/调整工艺图片】

功能:与【文档】菜单的【保存到图库】命令配合制作工艺图片;调出并调整工艺图片;可复制位图应用于办公软件中。

操作:

① 加入(保存)工艺图片

a. 用 ▤ 工具分别单击或框选需要制作的工艺图的线条,击右键即可看见图形被一个虚线框框住;

b. 单击【文档】→【保存到图库】命令;

c. 弹出【保存工艺图库】对话框,选好路径,在文件栏内输入图的名称,单击【保存】即可增加一个工艺图。

② 调出并调整工艺图片

a. 用 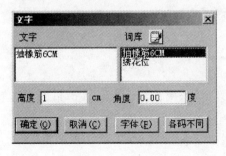 工具在空白处单击或在纸样上单击,弹出【工艺图库】对话框;

b. 在所需的图上双击,即可调出该图;

c. 在空白处单击左键为确定,击右键弹出【比例】调整对话框。

③ 复制位图

用 工具框选结构线,击右键,【编辑】菜单下的【复制位图】命令激活,单击之后可粘贴在 Word,Excel 等文件中。

40. 【文字】

功能:用于在结构图上或纸样上加文字、移动文字、修改或删除文字,且各个码上的文字可以不一样。

操作:

① 加文字

a. 用 工具在结构图上或纸样上单击,弹出【文字】对话框;

b. 输入文字,单击【确定】即可。

② 移动文字

用 工具在文字上单击,文字被选中,拖动鼠标移至恰当的位置再次单击即可。

③ 修改或删除文字

a. 把 工具光标移在需修改的文字上,当文字变亮后击右键,弹出【文字】对话框,修改或删除后,单击【确定】即可;

b. 把 工具移在文字上,字发亮后,敲 Enter 键,弹出【文字】对话框,选中需修改的文字输入正确的信息,即可被修改,按键盘 Delete 键,即可删除文字,按方向键可移动文字位置。

④ 不同号型上加不一样的文字(图 2-74)

a. 用 工具在纸样上单击,在弹出的【文字】对话框中输入【抽橡筋 6CM】;

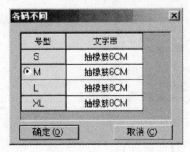

图 2-74

b. 单击【各码不同】按钮,在弹出的【各码不同】对话框中,把 L 码、XL 码中的文字串改成【抽橡筋 8CM】;

c. 点击【确定】,返回【文字】对话框,再次点【确定】即可。

第五节　纸样工具栏

纸样工具栏如图 2 - 75 所示。

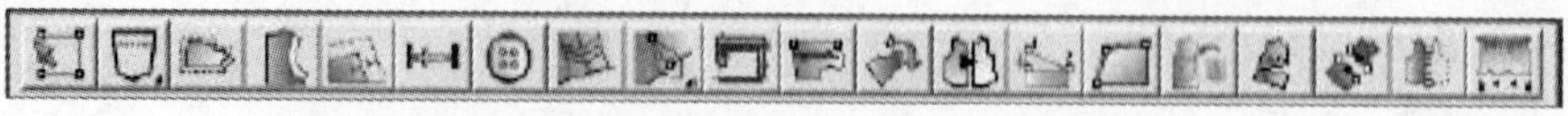

图 2 - 75

纸样工具栏是用于结构设计的工具,下面介绍各工具的功能与操作:

1. 【选择纸样控制点】

功能:用来选中纸样、纸样上的边线点、辅助线上的点以及修改点的属性。

操作:a. 选中纸样:用 工具在纸样上单击即可,如果要同时选中多个纸样,只要框选各纸样的一个放码点即可;

b. 选中纸样边上的点:

◆选单个放码点,用该工具在放码点上用左键单击或用左键框选;

◆选多个放码点,用该工具在放码点上框选或按住 Ctrl 键在放码点上一个一个单击;

◆选单个非放码点,用该工具在非放码点上用左键单击;

◆选多个非放码点,按住 Ctrl 键在非放码点上一个一个单击;

◆按住 Ctrl 键时第一次在点上单击为选中,再次单击为取消选中;

◆同时取消选中点,按 Esc 键或用该工具在空白处单击;

◆选中一个纸样上的相邻点,用 工具在点第一点上按下鼠标左键拖至最后点再松手,即可。

c. 辅助线上的放码点与边线上的放码点重合时:

◆用 工具在重合点上单击,选中的为边线点;

◆用 工具在重合点上框选,边线放码点与辅助线放码点全部选中;

◆用 工具并按住 Shift 键,在重合位置单击或框选,选中的是辅助线放码点。

d. 修改点的属性:

用 工具在需要修改的点上双击,会弹出【点属性】对话框,选择相应选项单击采用即可。如果选中的是多个点,按回车即可弹出对话框。

2. 【缝迹线】

功能:在纸样边线上加缝迹线、修改缝迹线。

操作:a. 加定长缝迹线:用 ▢ 工具在纸样某边线点上单击,弹出【缝迹线】对话框,选择所需缝迹线,输入缝迹线长度及间距,确定即可。如果该点已经有缝迹线,那么会在对话框中显示当前的缝迹线数据,修改即可。

b. 在一段线或多段线上加缝迹线:用 ▦ 工具框选或单击一段或多段边线后击右键,在弹出的对话框中选择所需缝迹线,输入线间距,确定即可。

c. 在整个纸样上加相同的缝迹线:用 ▢ 工具单击纸样的一个边线点,在对话框中选择所需缝迹线,缝迹线长里输入 0 即可。或用操作 b 的方法,框选所有的线后击右键。

d. 在两点间加不等宽的缝迹线:用 ▦ 工具顺时针选择一段线,即在第一控制点按下鼠标左键,拖动到第二个控制点上松开,弹出【缝迹线】对话框,选择所需缝迹线,输入线间距,确定即可。如果这两个点中已经有缝迹线,那么会在对话框中显示当前的缝迹线数据,修改即可。

e. 删除缝迹线:用橡皮擦单击即可。也可以在直线类型与曲线类型中选第一种无线型。

3. ▰【绗缝线】

功能:在纸样上添加绗缝线、修改绗缝线。

操作:a. 用 ▰ 工具单击纸样,纸样边线变色;

b. 单击参考线的起点、终点(可以是边线上的点,也可以是辅助线上的点),弹出【绗缝线】对话框;选择合适的线类型,输入恰当的数值,确定即可。

4. ▱【加缝份】

功能:用于给纸样加缝份或修改缝份量及切角。

操作:a. 纸样所有边加(修改)相同缝份:用 ▱ 工具在任一纸样的边线点单击,在弹出【衣片缝份】的对话框中输入缝份量,选择适当的选项,确定即可。

b. 多段边线上加(修改)相同缝份量:用 ▱ 工具同时框选或单独框选加相同缝份的线段,击右键弹出【加缝份】对话框,输入缝份量,选择适当的切角,确定即可。

c. 先定缝份量,再单击纸样边线修改(加)缝份量:选中 ▱ 加缝份工具后,敲数字键后按回车,再用鼠标在纸样边线上单击,缝份量即被更改。

d. 单击边线:用 ▱ 加缝份工具在纸样边线上单击,在弹出的【加缝份】对话框中输入缝份量,确定即可。

e. 拖选边线点加(修改)缝份量:用 ▱ 加缝份工具在 1 点上按住鼠标左键拖至 3 点上松手,在弹出的【加缝份】对话框中输入缝份量,确定即可。

f. 修改单个角的缝份切角:用 ▱ 工具在需要修改的点上击右键,会弹出【拐角缝份类型】对话框,选择恰当的切角,确定即可。

g. 修改两边线等长的切角：选中 工具的状态下按 Shift 键，光标变为 后，分别在靠近切角的两边上单击即可。

注：下面详细讲解【加缝份】对话框中，部分缝份拐角类型的含义。涉及的缝边都以斜角处为分界，都是按照顺时针方向来区分的，图 或 是指没有加缝份的净纸样上的一个拐角，1边、2边是指净样边。

◆ 1边、2边相交，如 所示。

◆ 按2边对幅，如 所示。【用于做裤脚、底边、袖口等，将2边缝边对折起来，并以1边、3边缝边为基准修正切角】

◆ 2边90度角，如 所示。【2边延长与1边的缝边相交，过交点作2边缝边的垂线与2边缝边相交切掉尖角，多用于公主线袖窿处】

◆ 角平分线切角，如 所示。【用于做领尖等处，沿角平分线的垂线方向切掉尖角，并可在长度栏内输入该图标中红色线段的长度值】

◆ 斜切角，如 所示。【用于做袖叉、裙叉处的拐角缝边，可以在"终点延长"栏内输入该图标中红色线段以外的长度值，即倒角缝份宽】

◆ 2边定长，如 所示。【1边缝边延长至2边的延长线上，2边缝份根据长度栏内输入的长度画出，并作延长线的垂线】

◆ 2边定长1边垂直，如 所示。【如图，过拐角O分别作1边、2边的垂线OB、OA，过O点作2边的定长线（延长线）OC（示意图为3.5cm），再连接BC，多用于公主线及两片袖的袖窿处】

◆ 1边、2边垂直切角。【1边、2边沿拐角分别各自向缝边作垂线，沿交点连线方向切掉尖角】

◆ 1边、2边切刀眼角。【1边、2边延长线交于缝边，沿交点连线方向切掉尖角】

5. 【做衬】

功能：用于在纸样上做朴样、贴样。

操作：a. 在多个纸样上加数据相等的朴、贴：用 工具框选纸样边线后击右键，在弹出的【衬】对话框中输入合适的数据即可，如图2-76所示。

b. 整个纸样上加衬：用 工具单击纸样，纸样边线变色，并弹出【衬】对话框，输入数值确定即可。

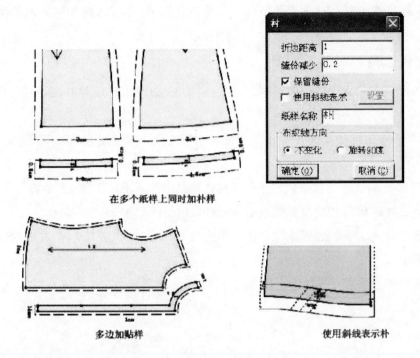

在多个纸样上同时加朴样

多边加贴样　　　　　　　　　　使用斜线表示朴

图 2-76

6. 【剪口】

功能:在纸样边线上加剪口、拐角处加剪口以及辅助线指向边线的位置加剪口,调整剪口的方向,对剪口放码、修改剪口的定位尺寸及属性。

操作:a. 在控制点上加剪口:用 工具在控制上点单击即可。

b. 在一条线上加剪口:用 工具单击线或框选线,弹出【剪口】对话框,选择适当的选项,输入合适的数值,点击【确定】即可。

c. 在多条线上同时加等距剪口:用 工具在需加剪口的线上框选后再击右键,弹出【剪口】对话框,选择适当的选项,输入合适的数值,点击【确定】即可。

d. 在两点间等份加剪口:用 工具拖选两个点,弹出【比例剪口、等分剪口】对话框,选择等分剪口,输入等份数目,确定即可在选中线段上平均加上剪口。

e. 拐角剪口:选择 工具并用 Shift 键把光标切换为 拐角光标,单击纸样上的拐角点,在弹出的对话框中输入正常缝份量,确定后缝份不等于正常缝份量的拐角处都统一加上拐角剪口。

选择 工具框选拐角点即可在拐角点处加上拐角剪口,可同时在多个拐角处同时加拐角剪口。

选择 工具框选或单击线的"中部",在线的两端自动添加剪口,如果框选或单击线的一端,在线的一端添加剪口。

f. 调整剪口的角度：用 ![] 工具在剪口上单击会拖出一条线，拖至需要的角度单击即可。

7. ![]【袖对刀】

功能：在袖笼与袖山上的同时打剪口，并且前袖笼、前袖山打单剪口，后袖笼、后袖山打双剪口。

操作：a. 用该工具在靠近 A、C 的位置依次单击或框选前袖笼线 AB、CD，击右键（如图 2 - 77 所示）；

b. 再在靠近 A1、C1 的位置依次单击或框选前袖山线 A1B1、C1D1，击右键；

c. 同样在靠近 E、G 的位置依次单击或框选后袖笼线 EF、GH，击右键；

d. 再在靠近 A1、F1 的位置依次单击或框选后袖山线 A1E1、F1D1，击右键，弹出【袖对刀】对话框；

e. 输入恰当的数据，单击【确定】即可。（如图 2 - 78 所示）

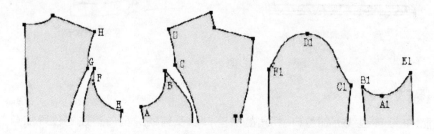

图 2 - 77

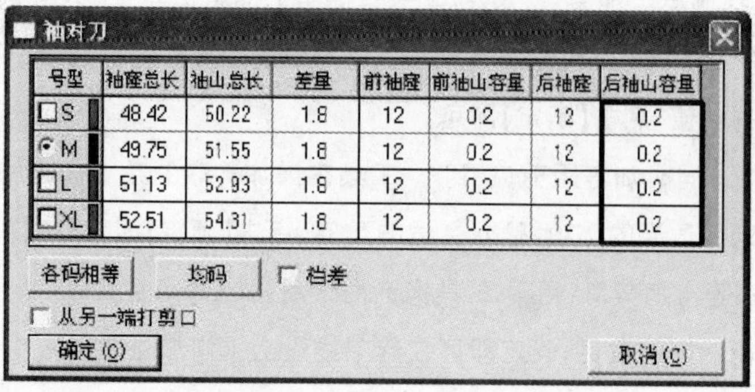

号型	袖窿总长	袖山总长	差量	前袖窿	前袖山容量	后袖窿	后袖山容量
□S	48.42	50.22	1.8	12	0.2	12	0.2
○M	49.75	51.55	1.8	12	0.2	12	0.2
□L	51.13	52.93	1.8	12	0.2	12	0.2
□XL	52.51	54.31	1.8	12	0.2	12	0.2

各码相等　　均码　　□档差

□从另一端打剪口

确定(O)　　　　取消(C)

图 2 - 78

8. ![]【眼位】

功能：在纸样上加眼位、修改眼位。在放码的纸样上，各码眼位的数量可以相等也可以不相等，也可加组扣眼。

操作：a. 根据眼位的个数和距离，系统自动画出眼位的位置（图 2 - 79），用 ![] 工具单击前领深点，弹出【加眼位】对话框；输入偏移量、个数及间距，确定即可。

b. 按鼠标移动的方向确定扣眼角度:用▭工具选中参考点按住左键拖线,再松手会弹出【加扣眼】对话框,输入相应数值,确定即可。

c. 修改眼位:用▭工具在眼位上击右键,即可弹出【加扣眼】对话框,输入相应数值,确定即可。

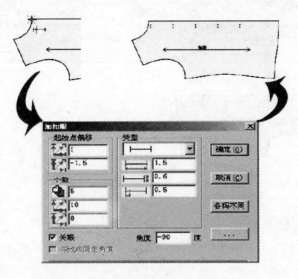

图 2 - 79

9. 🔘【钻孔】

功能:在纸样上加钻孔(扣位),修改钻孔(扣位)的属性及个数。在放码的纸样上,各码钻孔的数量可以相等也可以不相等,也可加钻孔组。

操作:① 根据钻孔/扣位的个数和距离,系统自动画出钻孔/扣位的位置,如图 2 - 80 所示。

a. 用🔘工具单击前领深点,弹出【钻孔】对话框;

b. 输入偏移量、个数及间距,确定即可。

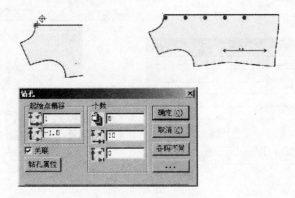

图 2 - 80

② 在线上加钻孔(扣位),放码时只放辅助线的首尾点即可,如图 2 - 81 所示。

a. 用 ⊕ 钻孔工具在线上单击,弹出【钻孔】对话框;

b. 输入钻孔的个数及距首尾点的距离,确定即可。

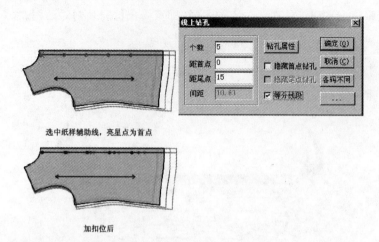

选中纸样辅助线,亮星点为首点

加扣位后

图 2 – 81

③ 在不同的码上,加数量不等的钻孔(扣位)。

有在线上加与不在线上加两种情况,下面以在线上加数量不等的扣位为例。在前三个码上加 3 个扣位,最后一个码上加 4 个扣位。

a. 用 ⊕ 钻孔工具,在图 2 – 82 所示的辅助线上单击,弹出【线上钻孔】对话框;

b. 在扣位的个数中输入 3,单击【各码不同】,弹出【各号型】对话框;

c. 单击最后一个 XL 码的个数输入 4,点击【确定】,返回【线上钻孔】对话框;

d. 再次单击【确定】即可。

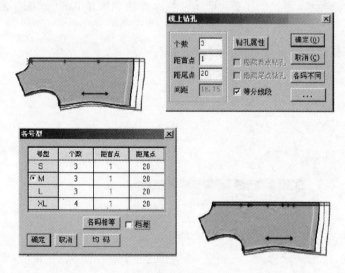

图 2 – 82

④ 修改钻孔(扣位)的属性及个数。

用该工具在扣位上击右键,即可弹出【线上钻孔】对话框,选择相应选项和数值,确定即可。

10. 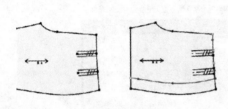【褶】

功能：在纸样边线上增加或修改刀褶、工字褶。也可以把在结构线上加的褶用该工具变成褶图元。做通褶时在原纸样上会把褶量加进去，纸样大小会发生变化，如果加的是半褶，只是加了褶符号，纸样大小不改变。

操作：

① 纸样上有褶线的情况(图 2 - 83)

a. 用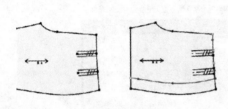工具框选或分别单击褶线，击右键弹出【褶】对话框；

b. 输入上下褶宽，选择褶类型；

c. 点击【确定】后，褶合并起来；

d. 此时，就用该工具调整褶底，满意后击右键即可。

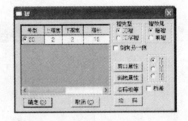

图 2 - 83

② 纸样上平均加褶的情况

a. 选中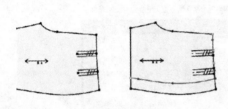工具用左键单击加褶的线段(多段线时框选线段击右键)；

b. 如果做半褶，此时单击右键，弹出【半褶】对话框；

c. 如果需要做通褶，按照步骤 a 的方式选择褶的另外一段所在的边线，击右键弹出【褶】对话框；

d. 在对话框中输入褶量、褶数等，确定褶合并起来；

e. 此时，就用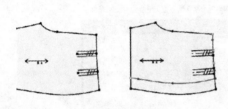工具调整褶底，满意后击右键即可。

③ 修改工字褶或刀褶

a. 修改一个褶：用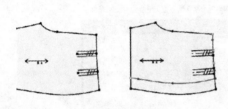工具将光标移至工字褶或刀褶上，褶线变色后击右键，即可弹出【褶】对话框。

b. 同时修改多个褶：用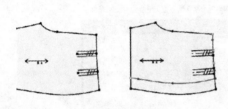工具左键单击分别选中需要修改的褶后击右键，弹出【修改褶】对话框(所选择的褶必须在同一个纸样上)。

④ 辅助线转褶图元：

如图 2 - 84 所示，把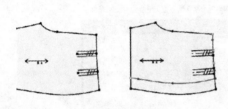工具放在点 A 上按住左键拖至点

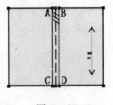

图 2 - 84

B 上松开,同样再放在点 C 上按住左键拖至点 D 上松开,会弹出【褶】对话框,确定后原辅助线就变成褶图元,褶图元上自动带有剪口。

11. 【V 形省】

功能:在纸样边线上增加或修改 V 形省,也可以把在结构线上加的省用该工具变成省图元。

操作:

① 纸样上有省线的情况(图 2 - 85)

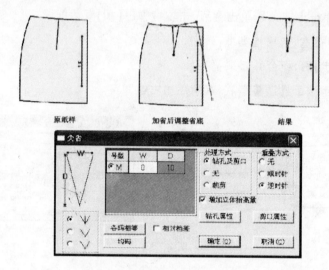

图 2 - 85

a. 用　工具在省线上单击,弹出【尖省】对话框;

b. 选择合适的选项,输入恰当的省量;

c. 点击【确定】后,省合并起来;

d. 此时,就用　工具调整省底,满意后击右键即可。

② 纸样上无省线的情况

a. 用　工具在边线上单击,先定好省的位置;

b. 拖动鼠标单击,弹出【尖省】对话框;

c. 选择合适的选项,输入恰当的省量;

d. 点击【确定】后,省合并起来;

e. 此时,就用　工具调整省底,满意后击右键即可。

③ 修改 V 形省

选中　工具,将光标移至 V 形省上,省线变色后击右键,即可弹出【尖省】对话框。

④ 辅助线转省图元

如图 2 - 86 所示,用　工具先分别在省底 A 点、B 点上单击,再在省尖 C 点上单击,会弹出【省】对话框,确定后原辅助线就变成省图元。省图元上自动带有剪口、钻孔。

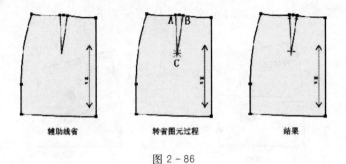

辅助线省　　　　　　　转省图元过程　　　　　　　结果

图 2 - 86

12. 【锥形省】

功能:在纸样上加锥形省或菱形省。

操作:a. 如图 2 - 87 所示,用 工具依次单击点 A、点 B、点 C,弹出【锥形省】对话框;

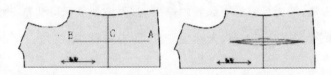

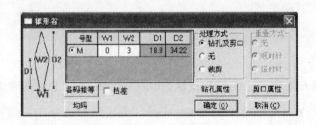

图 2 - 87

b. 输入省量,点击【确定】即可。

13. 【比拼行走】

功能:一个纸样的边线在另一个纸样的边线上行走时,可调整内部线对接是否圆顺,也可以加剪口。

操作:a. 如图 2 - 88 所示,用 工具依次单击点 B、点 A,纸样二拼在纸样一上,并弹出【比拼行走】对话框;

b. 继续单击纸样边线,纸样二就在纸样一上行走,此时可以打剪口,也可以调整辅助线;

c. 最后击右键完成操作。

14. 【布纹线】

功能:用于调整布纹线的方向、位置、长度以及布纹线上的文字信息。

操作:a. 用📠工具左键单击纸样上的两点,布纹线与指定的两点平行;

b. 用📠工具在纸样上击右键,布纹线以 45 度来旋转;

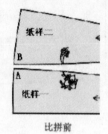 

比拼前　　　　　　　　　　比拼中

图 2-88

c. 用📠工具在纸样(不是布纹线)上先左键单击,再击右键可任意旋转布纹线的角度;

d. 用📠工具在布纹线的"中间"位置左键单击,拖动鼠标可平移布纹线;

e. 选中📠工具,把光标移在布纹线的端点上,再拖动鼠标可调整布纹线的长度;

f. 选中📠工具,按住 Shift 键,光标会变成 T,击右键,布纹线上下的文字信息旋转 90 度;

g. 选中📠工具,按住 Shift 键,光标会变成 T,在纸样上任意点两点,布纹线上下的文字信息以指定的方向旋转。

15. 🔄【旋转衣片】

功能:用于旋转纸样。

操作:a. 如果布纹线是水平或垂直的,用🔄工具在纸样上单击右键,纸样按顺时针 90 度旋转。如果布纹线不是水平或垂直,用🔄工具在纸样上单击右键,纸样旋转在布纹线水平或垂直方向。

b. 用🔄工具单击左键选中两点,移动鼠标,纸样以选中的两点在水平或垂直方向上旋转。

c. 选择🔄工具并按住 Ctrl 键,用左键在纸样上单击两点,移动鼠标,纸样可随意旋转。

d. 选择🔄工具按住 Ctrl 键,在纸样上击右键,可按指定角度旋转纸样。

16. 🦋【水平垂直翻转】

功能:用于将纸样翻转。

操作:a. 水平翻转🦋与垂直翻转🦋间用 Shift 键切换;

b. 选择🦋工具,在纸样上直接单击左键即可;

c. 纸样设置了左或右,翻转时会提示"是否翻转该纸样?"

d. 如果真的需要翻转,单击【是】即可。

17. 🔧【水平/垂直校正】

功能:将一段线校正成水平或垂直状态。

操作:a. 按 Shift 键把光标切换成水平校正 $^+\!\!\!\!\triangleleft$ (垂直校正为 $^+\!\!\!\!\triangleleft$);

b. 用 ✍ 工具单击或框选 AB 后击右键,弹出【水平垂直校正】对话框;

c. 选择合适的选项,单击【确定】即可。

18. ▱【重新顺滑曲线】

功能:用于调整曲线并且关键点的位置保留在原位置,常用于处理读图纸样。

操作:a. 用 ▱ 工具单击需要调整的曲线,此时原曲线处会自动生成一条新的曲线(如果中间没有放码点,新曲线为直线,如果曲线中间有放码点,新曲线默认通过放码点);

b. 用 ▱ 工具单击原曲线上的控制点,新的曲线就吸附在该控制点上(再次在该点上单击,又脱离新曲线);

c. 新曲线达到满意后,在空白处再击右键即可。

19. ⌇⌇【曲线替换】

功能:结构线上的线与纸样边线间互换;把纸样上的辅助线与边线互换。

操作:a. 选择 ⌇⌇ 工具,单击或框选线的一端,线就被选中(如果选择的是多条线,第一条线须用框选,最后击右键);

b. 击右键选中线可在水平方向、垂直方向翻转;

c. 移动光标在目标线上,再用左键单击即可;

d. 用 ⌇⌇ 工具点选或框选纸样辅助线后,光标会变成原边线不保留形状 ⌇⌇(按 Shift 键光标会变成原边线变成辅助线形状 ⌇⌇),击右键即可。

20. ▨【纸样变闭合辅助线】

功能:将一个纸样变为另一个纸样的闭合辅助线。

操作:a. 将 A 纸样变为 B 纸样的闭合辅助线:用 ▨ 工具在 A 纸样的关键点上单击,再在 B 纸样的关键点上单击即可(或敲回车键偏移),如图 2-89 所示。

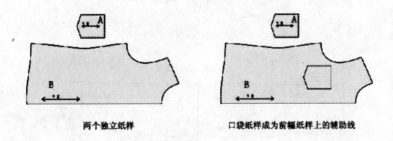

两个独立纸样 　　　　口袋纸样成为前幅纸样上的辅助线

图 2-89

b. 将口袋纸样按照后幅纸样中辅助线方向变成闭合辅助线,用该工具先拖选 AB,再拖选 CD,如图 2-90 所示。

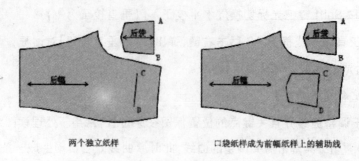

两个独立纸样　　　　　　口袋纸样成为前幅纸样上的辅助线

图 2 - 90

21. 【分割纸样】

功能：将纸样沿辅助线剪开。

操作：a. 选中分割纸样工具；

b. 在纸样的辅助线上单击,弹出【是否剪开】对话框；

c. 选择是,根据基码对齐剪开,选择【否】以显示状态剪开。

22. 【合并纸样】

功能：将两个纸样合并成一个纸样。有两种合并方式:方式 A 为以合并线两端点的连线合并,方式 B 为以曲线合并。

操作：① 按 Shift 键在（方式 A）与（方式 B）间切换。当在第一个纸样上单击后按 Shift 键在保留合并线（）与不保留合并线（）间切换效果,如图 2 - 91 所示。

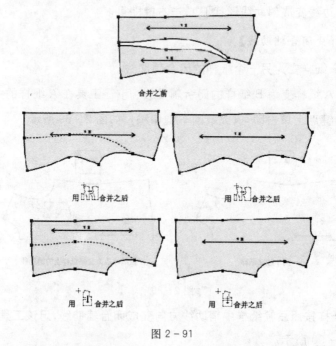

合并之前

用　合并之后　　　　　　用　合并之后

用　合并之后　　　　　　用　合并之后

图 2 - 91

② 选中对应光标后有 4 种操作：

a. 直接单击两个纸样的空白处；

b. 分别单击两个纸样的对应点；

c. 分别单击两个纸样的两条边线；

d. 拖选一个纸样的两点，再拖选纸样上的两点即可合并。

23.　【纸样对称】

功能：有关联对称纸样与不关联对称纸样两种功能。关联对称后的纸样，在其中一半的纸样修改时，另一半也联动修改。不关联对称后的纸样，在其中一半的纸样上改动，另一半不会跟着改动。

操作：① 关联对称纸样：

a. 选择　工具并按 Shift 键，使光标切换为　；

b. 如图 2-92 所示，单击图 1 对称轴（前中心线）或分别单击点 A、点 B；

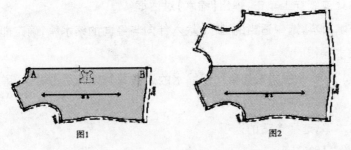

图 2-92

c. 即出现图 2 所示，如果需再返回成图 1 的纸样，用该工具按住对称轴不松手，敲 Delete 键即可。

② 不关联对称纸样：

a. 按 Shift 键，使光标切换为　；

b. 如图 2-93 所示，单击图中图 1 对称轴（前中心线）或分别单击点 A、点 B，即出现图中图 2。

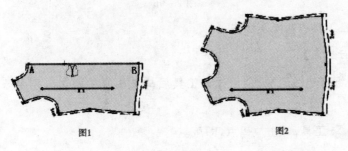

图 2-93

③ 如果纸样的两边不对称，选择对称轴后默认保留面积大的一边，如图 2-94 所示。

对称之前　　　　　关联对称后　　　　　不关联对称后

图 2 - 94

24. 【缩水】

功能:根据面料对纸样进行整体缩水处理。针对选中线可进行局部缩水。

操作:

① 整体缩水操作

a. 选中缩水工具;

b. 在空白处或纸样上单击,弹出【缩水】对话框;

c. 选择缩水面料,选中适当的选项,输入纬向与经向的缩水率,确定即可。

② 局部缩水操作

a. 选择工具,单击或框选要局部缩水的边线或辅助线后击右键,弹出【局部缩水】对话框;

b. 输入缩水率,选择合适的选项;

c. 点击【确定】即可。

第六节　放码工具栏

放码工具栏如图 2 - 95 所示。

图 2 - 95

下面介绍各工具的功能及操作:

1. 【平行交点】

功能:用于纸样边线的放码,用过该工具后与其相交的两边分别平行。常用于西服领口的放码。

操作:选择工具,单击放码点,即可。

2. 【辅助线平行放码】

功能:针对纸样内部线放码,用该工具后,内部线各码间会平行且与边线相交。

操作:a. 用工具单击或框选辅助线;

b. 再单击靠近移动端的线即可。

3. 【辅助线放码】

功能:相交在纸样边线上的辅助线端点按照到边线指定点的长度来放码。

操作:a. 用🖉工具在辅助线点上双击,弹出【辅助线点放码】对话框;

b. 在对话框中输入合适的数据,选择恰当的选项;

c. 点击【应用】即可。

4. 【肩斜线放码】

功能:使各码不平行肩斜线平行。

操作:a. 用工具单击布纹线(也可以分别单击后中线上的两点);

b. 再单击肩点,弹出【肩斜线放码】对话框,输入相应数值,确定即可。

5. 【各码对齐】

功能:将各码放码量按点或剪口(扣位、眼位)线对齐或恢复原状。

操作:a. 用工具在纸样上的一个点上单击,放码量以该点按水平垂直对齐;

b. 用工具选中一段线,放码量以线的两端连线对齐;

c. 用工具单击点之前按住 X 为水平对齐;

d. 用工具单击点之前按住 Y 为垂直对齐;

e. 用工具在纸样上击右键,为恢复原状。

6. 【圆弧放码】

功能:可对圆弧的角度、半径、弧长来放码。

操作:a. 用工具单击圆弧,如图 2 - 96 所示,圆心会显示,并弹出【圆弧放码】对话框;

b. 输入正确的数据,点击【应用】【关闭】即可。

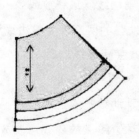

图 2 - 96

7. 【拷贝点放码量】

功能:拷贝放码点、剪口点、交叉点的放码量到其他的放码点上。

操作:a. 用 ⬛ 工具在有放码量的点上单击或框选,再在未放码的点上单击或框选;

b. 用 ⬛ 工具在放了码的纸样上框选或拖选,再在未放码的纸样上框选或拖选;

c. 按住 Ctrl 键,用 ⬛ 工具在放了码的纸样上框选或拖选,再在未放码的纸样上框选或拖选。

8. ⬛【点随线段放码】

功能:根据两点的放码比例对指定点放码。可以用来为宠物衣服放码。

操作:① 如图 2 - 97 所示,线段 EF 的点 F 根据衣长 AB 比例放码。

a. 用该工具分别单击点 A、点 B;

b. 再单击或框选点 F 即可。

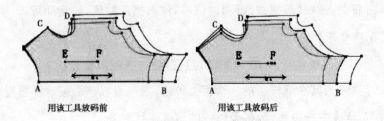

用该工具放码前　　　　　　　用该工具放码后

图 2 - 97

② 如图 2 - 97 所示,根据点 D 到线 AB 的放码比例来放点 C。

a. 用 ⬛ 工具单击点 D,再单击线 AB;

b. 再单击或框选点 C 即可。

9. ⬛【设定/取消辅助线随边线放码】

功能:辅助线随边线放码;辅助线不随边线放码。

操作:

① 辅助线随边线放码

a. 选择 ⬛ 工具,用 Shift 键把光标切换成 ⁺⬛ 辅助线随边线放码;

b. 用该工具框选或单击辅助线的"中部",辅助线的两端都会随边线放码;

c. 如果框选或单击辅助线的一端,只有这一端会随边线放码。

② 辅助线不随边线放码

a. 选择 ⬛ 工具,用 Shift 键把光标切换成 ⁺⬛ 辅助线不随边线放码;

b. 用该工具框选或单击辅助线的"中部",再对边线点放码或修改放码量,辅助线的两端都不会随边线放码;

c. 如果框选或单击辅助线的一端,再对边线点放码或修改放码量,只有这一端不会随边线放码。

10. 📖【平行放码】

功能：对纸样边线、纸样辅助线平行放码。常用于文胸放码。

操作：a. 用📖工具单击或框选需要平行放码的线段，击右键，弹出【平行放码】对话框；

b. 输入各线各码平行线间的距离，确定即可，如图 2-98 所示。

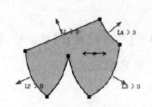

图 2-98

第七节　隐藏工具

隐藏工具如图 2-99 所示，下面介绍各工具的功能及操作。

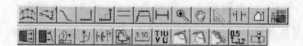

图 2-99

1. 🏛【平行调整】

功能：平行调整一段线或多段线。

操作：a. 使用🏛工具单击一个点或拖选多个点，移动到空白处单击，弹出【平行调整】对话框，输入调整量，确定即可；

b. 拖动时，如果移动到关键点上，则不弹出对话框；

c. 拖动时，按住 Shift 键可在水平、垂直、45 度方向上调整。

2. 🖢【比例调整】（图 2-100）

功能：按比例调整一段线或多段线。按 Shift 键，光标在⁺🖢与⁺🖢间切换。

操作：a. 选中🖢工具，切换成适当的光标，单击曲线上的一点并拖动（或拖选一组控制点，单击一个关键点拖动），在空白处单击，弹出【比例调整】对话框，输入调整量，确定即可；

b. 拖动时，如果移动到关键点上，则不弹出对话框；

c. 拖动时，按住 Shift 键可在水平、垂直、45 度方向上调整。

3. ﹨【线】

功能：画自由的曲线或直线。

原线　　　用 调整曲线　　　用 调整曲线

图 2 - 100

操作:a. 画直线,用 工具左键单击两点,击右键弹出【长度和角度】对话框,输入长度、角度即可。两点间连线:用左键在两点上分别单击后,击右键即可。

b. 画曲线,用 工具左键最少确定三个点后击右键。

4. 【连角】

功能:用于将线段延长至相交并删除交点外非选中部分。

操作:a. 选中 工具,用左键分别单击两条线;

b. 移动光标线的颜色有变化,变了颜色的线为保留的线;

c. 单击左键或右键即可。

5. 【水平垂直线】

功能:在关键的两点(包括两线交点或线的端点)上连一个直角线。

操作:用 工具先单击一点,击右键来切换水平垂直线的位置,再单击另一点。

6. 【等距线】

功能:用于画一条线的等距线。

操作:a. 用 工具在一条线上单击,拖动光标再单击,弹出【平行线】对话框;

b. 输入数值,单击【确定】即可。

7. 【相交等距线】

功能:用于画与两边相交的等距线,可同时画多条。

操作:a. 用 工具单击要做的等距线,该线变色;

b. 再分别单击与第一步选中线相交的两边;

c. 拖动鼠标至适当的位置单击,弹出【平行线】对话框;

d. 输入数值,单击【确定】即可。

8. 【靠边】

功能:有单向靠边与双向靠边两种情况。单向靠边,同时将多条线靠在一条目标线上。双向靠边,同时将多条线的两端同时靠在两条目标线上。

操作:a. 单向靠边,用该工具单击或框选线 a、b、c 后击右键,再单击线 d,移动光标在适当的位置击右键即可,如图 2 - 101 所示;

b. 双向靠边，用该工具单击或框选线 a、b、c 后击右键，再单击线 d、线 e 即可，如图 2－102 所示。

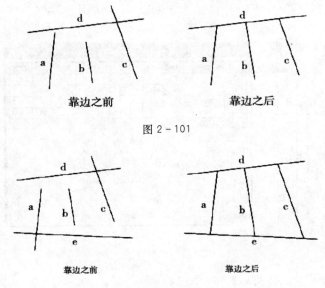

d
a
b
c
靠边之前
d
a
b
c
靠边之后

图 2－101

d
a
b
c
e
靠边之前
d
a
b
c
e
靠边之后

图 2－102

9. 【放大镜】

功能：用于放大显示工作区的对象。

操作：用工具单击要放大区域的外缘，拖动鼠标形成一个矩形框，把要放大的部分框在矩形内，再单击即可放大。

注：在使用任何工具时，按下空格键（不弹起）可以转换成放大工具，此时向前滚动鼠标滑轮为以光标所在位置为中心放大显示，向后滚动鼠标滑轮为以光标所在位置为中心缩小显示。

10. 【移动纸样】

功能：将纸样从一个位置移至另一个位置，或将两个纸样按照一点对应重合。

操作：a. 移动纸样，用工具在纸样上单击，拖动鼠标至适当的位置，再单击即可。

b. 将两个纸样按照一点对应重合，用工具，单击纸样上的一点，拖动鼠标到另一个纸样的点上，当该点处于选中状态时再次单击即可。

11. 【三角板】

功能：用于作任意直线的垂直或平行线（延长线）。

操作：a. 用该工具分别单击线的两端；

b. 再点击另外一点，拖动鼠标，作选中线的平行线或垂直线。

12 【对剪口】

功能：用于两组线间打剪口，并可加入容位。

操作：a. 用 ⊢⊢ 工具在靠近点 A 的位置单击或框选 AB 后，击右键；

b. 再在靠近点 C 的位置单击或框选 CD 后，击右键，弹出【对剪口】对话框；

c. 输入恰当的数据，单击【确定】即可，如图 2－103 所示。

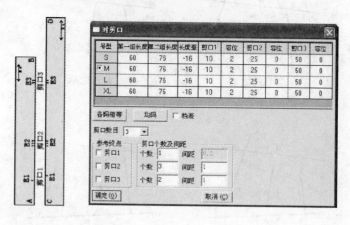

图 2－103

13. ◻【对称复制纸样局部】

功能：对称复制纸样的部分。

操作：a. 如图 2－104 所示的图一，用 ◻ 工具单击中心线 a 或中心线上的两端点；

b. 再单击需要对称的线，如图 2－104 所示的图一线 b；

c. 图 2－104 所示的图二是对称复制的结果。

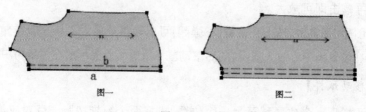

图 2－104

14. 𝄃【交接/调校 XY 值】

功能：既可以让辅助线基码沿线靠边，又可以让辅助线端点在 X 方向（或 Y 方向）的放码量保持不变而在 Y 方向（或 X 方向）上靠边放码。

操作：如图 2－105 中，把左图上的两条辅助线只在 X 方向上靠边并保持 Y 方向的放码量不变。

a. 选中𝄃【交接/调校 XY 值】工具，用 Shift 键切换成 ⊢⊢ 光标；

b. 点选或框选需要靠边的辅助线后击右键；

c. 再在要靠到的纸样边线上单击即可，如图 2－105 中的右图。

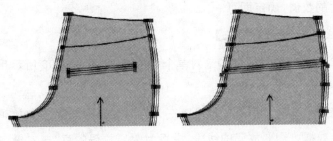

图 2 - 105

15. 【平行移动】

功能:沿线平行调整纸样。

操作:a. 用◢工具分别点选或框选(框选时线两端的点必须框住)需要平行调整的线,击右键;

　　b. 拖动光标后单击左键,弹出【平行移动距离】对话框,输入数值,确定即可。

16. 【不平行调整】

功能:在纸样上增加一条不平行线或者不平行调整边线或辅助线。

操作:a. 用◢工具先单击或框选侧缝线,再单击纸样上的关键点,弹出【不平行增加/替换】对话框;

　　b. 选择增加或替换,并在对话框中输入调整值,最后单击【应用】按钮即可。

17. 【圆弧展开】

功能:在结构线或纸样上或在空白处作圆弧展开。

操作:

① 用于结构线

a. 用◢工具点选或框选要操作的结构线,击右键;

b. 靠近固定的点单击不伸缩线,如果有多条框选击右键;

c. 单击伸缩线,弹出【圆弧展开】对话框;

d. 输入恰当的数值,点击【确定】即可。

② 用于纸样

a. 用◢工具靠近固定的点单击不伸缩线,如果有多条框选击右键;

b. 单击伸缩线,弹出【圆弧展开】对话框;

c. 输入恰当的数值,点击【确定】即可。

18. 【圆弧切角】

功能:作已知圆弧半径并同时与两条不平行的线相切的弧。

操作:a. 用◢工具点选或框选两条线,弹出【圆弧切角】对话框;

b. 输入合适的数值,确定即可。

19. ⊞【对应线长/调校 XY 值】

功能:用多个放好码的线段之和来对单个点放码,如图 2 - 106 所示用前后幅放好的腰线来放腰头。

操作:a. 选中 ⊞ 工具,用 Shift 键可以在 X 方向放码 ⁺⊞ 与 Y 方向放码 ⁺⊞ 间切换;

b. 分别点选或框选需要放码的线段,星点为需要放码的点,击右键,如图 2 - 106 所示的图一;

c. 分别点选或框选参考的线段,如图 2 - 106 所示的图二;

d. 图 2 - 106 所示的图三为最后的效果。

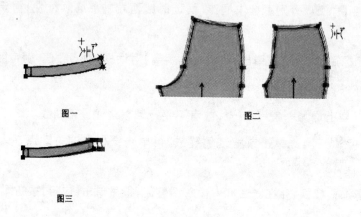

图一　　　　图二

图三

图 2 - 106

20. ⫴【修改剪口类型】

功能:修改单个剪口或多个剪口类型。

操作:

① 修改纸样上的部分剪口类型

a. 选中 ⫴ 工具,用左键分别单击需要修改的剪口,击右键,弹出【修改剪口类型】对话框;

b. 选择需要的剪口类型,输入恰当的数值,确定即可。

② 修改选中纸样上的剪口类型

a. 选中 ⫴ 工具,单击需要修改剪口的纸样,击右键,弹出【修改剪口类型】对话框;

b. 在【旧的剪口类型】中选择需要修改的类型,在【新的剪口类型】中选择新的剪口类型及输入宽度、深度等,确定即可。

③ 修改工作区或整个文件的剪口类型

a. 把需要修改剪口的纸样放入工作区;

b. 选择 ⫴ 工具,在工作区的空白处单击,弹出【修改剪口类型】对话框;

c. 选择恰当的选项,确定即可。

21. 【等角放码】

功能:调整角的放码量,使各码的角度相等。可用于调整后浪及领角。

操作:用工具单击需要调整的角(点)即可。

22. 【等角度(调校 XY)】

功能:调整角一边的放码点使各码角度相等。如图 2 - 107 所示调整 B 点 X 方向或 Y 方向的放码量,使角 A 的各码度数相同。

操作:a. 选中工具,用 Shift 键切换调校 X 方向(或调校 Y 方向);

b. 先单击可调整的放码点 B,再单击保证各码角度相等的点 A,再单击角的另一边上的放码点 C 即可。

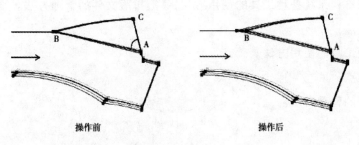

图 2 - 107

23. 【等角度边线延长】

功能:延长角度一边的线长,使各码角度相同。

操作:a. 用工具分别单击点 B(移动的点)、点 A、点 C,弹出【距离】对话框;

b. 输入恰当的数值,确定即可,如图 2 - 108 所示。

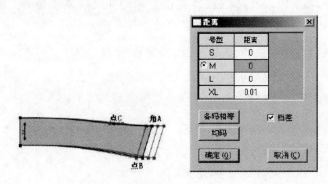

图 2 - 108

24. 【档差标注】

操作:a. 单击【显示】菜单→显示【档差标注】;

b. 用工具在工作区空白处单击,会弹【添加标注】对话框;

c. 选择合适的选项,确定即可。

第三章　服装样板排版系统

◆学习目标：

掌握样板排料系统各种工具的使用方法；掌握排版文件的管理方法。

◆学习重点：

样板排版工具的使用方法。

◆学习难点：

排版文件的管理方法。

第一节　排版系统界面介绍

排料系统是为服装行业提供的排唛架专用软件，其界面简洁而友善，思路清晰而明确，所设计的排料工具功能强大、使用方便，为用户在竞争激烈的服装市场中提高生产效率，缩短生产周期，增加服装产品的技术含量和高附加值提供了强有力的保障。该系统主要具有以下特点：

(1)超级排料、全自动、手动、人机交互，按需选用；

(2)键盘操作，排料快速准确；

(3)自动计算用料长度、利用率、纸样总数、放置数；

(4)提供自动、手动分床；

(5)对不同布料的唛架自动分床；

(6)对不同布号的唛架自动或手动分床；

(7)提供对格对条功能；

(8)可与裁床、绘图仪、切割机、打印机等输出设备接驳，进行小唛架图的打印及1:1唛架图的裁剪、绘图和切割。

【RP-GMS】排料系统的工作界面包括菜单栏、主工具匣、纸样窗、尺码表、唛架工具匣、工作区、状态栏等，如图3-1所示。

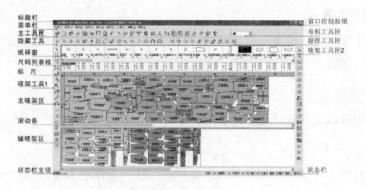

图 3-1

1. 标题栏

位于窗口的顶部,用于显示文件的名称、类型及存盘的路径。

2. 菜单栏

标题栏下方是由 9 组菜单组成的菜单栏,如图 3-2 所示,GMS 菜单的使用方法符合 Windows 标准,单击其中的菜单命令可以执行相应的操作,快捷键为 Alt 加括号后的字母。

图 3-2

3. 主工具匣

该栏放置着常用的命令,为快速完成排料工作提供了极大的方便,如图 3-3 所示。

图 3-3

4. 隐藏工具(图 3-4)

图 3-4

5. 超排工具(图 3-5)

图 3-5

6. 纸样窗

纸样窗中放置着排料文件所需要使用的所有纸样,每一个单独的纸样放置在一小格的纸样框中。纸样框的大小可以通过拉动左右边界来调节其宽度,还可通过在纸样框上单击鼠标右键,在弹出的对话框内改变数值,调整其宽度和高度。

7. 尺码列表框

每一个小纸样框对应着一个尺码表,尺码表中存放着该纸样对应的所有尺码号型及每个号型对应的纸样数。

8. 标尺

显示当前唛架使用的单位。

9. 唛架工具匣 1

唛架工具匣 1 中集中了对唛架上的纸样进行各种操作的工具,如图 3-6 所示。

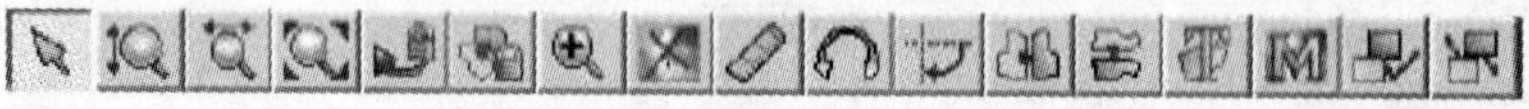

图 3-6

10. 主唛架区

主唛架区可按自己的需要任意排列纸样,以取得最省布的排料方式。

11. 辅唛架区

将纸样按码数分开排列在辅唛架上,方便主唛架排料。

12. 状态栏主项

状态栏主项位于系统界面的最底部左边,如果把鼠标移至工具图标上,状态栏主项会显示该工具名称;如果把鼠标移至主唛架纸样上,状态栏主项会显示该纸样的宽、高、款式名、纸样名称、号型、套号及光标所在位置的 X 坐标、Y 坐标。根据个人需要,可在参数设定中设置所需要显示的项目。

13. 布料工具匣(图 3-7)

14. 唛架工具匣 2(图 3-8)   图 3-7

15. 状态条   图 3-8

状态条位于系统界面的右边最底部,它显示着当前唛架纸样总数、放置在主唛架区纸样总数、唛架利用率以及当前唛架的幅长、幅宽、唛架层数和长度单位。

第二节　菜单栏

菜单栏包含文档、纸样、唛架、选项、排料、裁床、计算、制帽、帮助等 9 个菜单,单击其中之一,会出现下拉菜单,如果命令为灰色,则表示该命令在目前状态下无法使用。命令右边的字母表示该命令的键盘快捷键,下面是 9 个菜单的基本用法介绍。

一、【文档】菜单

【文档】菜单用于执行新建、打开、合并、保存、打印等命令,如图 3-9 所示。

1. 打开 HP-GL 文件

功能:用于打开 HP-GL(.plt)文件,可查看也可以绘图。

操作:(1)单击【文档】菜单→【打开 HP-GL 文件】;

(2)在弹出的【打开】对话框内找到 HP-GL 文件,双击文件名即可打开。

2. 关闭 HP-GL 文件

功能:用于关闭已打开的 HP-GL(.plt)文件。

操作:在打开 HP-GL 文件后,单击【文档】菜单→【关闭 HP-GL 文件】,即可关闭该文件。

图 3-9

3. 输出 DXF

功能:将唛架以 DXF 的格式保存,以便在其他的 CAD 系统中调出运用,从而达到本系统与其他 CAD 系统的接驳。

操作:在打开唛架文件后,单击【文档】菜单→【输出 DXF】即可。

4. 导入".PLT"文件

功能:可以导入富怡(RichPeace)与格柏(Gerber)输出的".PLT"文件,在该软件中进行再次排料。

操作:单击【文档】菜单→【导入".PLT"文件】,选择相应文件确定即可。

5. 单布号分床

功能:将当前打开的唛架,根据码号分为多床的唛架文件并保存。

操作:(1)单击【文档】菜单→【新建】,设定唛架,载入纸样文件;

(2)单击【文档】菜单→【单布号分床】,弹出【分床】对话框,如图 3-10 所示;

(3)输入各码的订单数量;

(4)单击【自动分床】,弹出【自动分床】选项框,根据需要设定内容,单击【确定】系统即可自动分好;也可以手动分床,单击【增加一床】,在号型栏下单击输入本床要放入的每一种号型的数量,还可再继续增加,直至分床完毕;

(5)在【文件名】栏下输入文件名或按【生成文件名】按钮则系统自动生成文件名;

(6)单击【浏览】,弹出对话框,选定存盘路径,单击【确定】;

(7)回到母对话框,单击【保存】即完成分床。

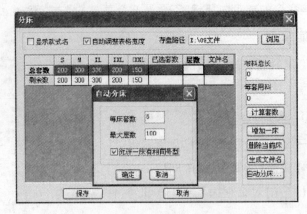

图 3－10

6. 多布号分床

功能：用于将当前打开的唛架根据布号，以套为单位，分为多床的唛架文件并保存。

操作：(1)单击【文档】菜单→【新建】，设定唛架，载入纸样文件，确定；

(2)单击【文档】菜单→【多布号分床】，弹出对话框，如图 3－11 所示；

(3)单击【增加布号】，添加上所需布号；

(4)在每一种布号上输入排放的号型的套数；

(5)单击【自动分床】，弹出【自动分床】选项框，根据需要设定内容，单击【确定】系统即可自动分好；

(6)在【文件名】栏下输入唛架名称或按【自动生成文件名】则系统自动生成文件名；

(7)单击【浏览】，弹出对话框，选定存盘路径，单击【确定】；

(8)回到母对话框，单击【保存】即完成分床。

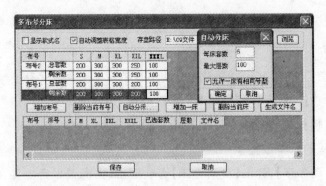

图 3－11

7. 根据布料分离纸样

功能：将唛架文件根据布料类型自动分开纸样。

操作：(1)单击【文档】菜单→【新建】，设定唛架，载入纸样文件，确定；

(2)单击【文档】菜单→弹出【根据布料分离纸样】对话框，如图 3－12 所示；

(3)单击【确定】即可。

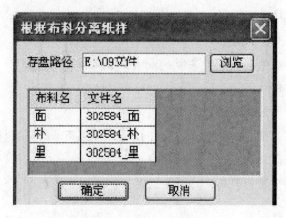

图 3-12

8. 算料文件

算料文件包括新建单布号算料文件、打开单布号算料文件、新建多布号算料文件、打开多布号算料文件四个选项。

● 新建单布号算料文件

功能:用于快速、准确地计算出服装订单的用布总量。

操作:(1)新建一床唛架,调入一款纸样后,单击【文档】→【算料文件】→【新建单布号算料文件】;

(2)在弹出的对话框的【文件名】栏内输入文件名,单击【保存】;

(3)弹出【创建算料文件】对话框,在【总套数栏】内输入订单上各码的实际套数;

(4)单击【自动分床】,弹出对话框,在每床套数内输入恰当的数量及最大层数,选择一床内是否允许有相同号型;

(5)单击【确定】,回到上一对话框,这时系统已经分好床,单击【同项合并】,可合并相同的分床文件,单击【生成文件名】,并为各床输入【头损耗】【尾损耗】【其他损耗】以及【损耗率】,单击【存盘继续】;

(6)弹出【算料】对话框,单击【自动排料】即可算出各床及总的【利用率】及【用布量】;

(7)如要人工排料,选中文件名,单击【人工排料】即可调出该床的唛架来,进行手工排料或超级排料;

(8)排完后,单击【文档】菜单→【采用返回】,即可回到【算料】对话框;

(9)将各床都排料,【保存】即可。

● 打开单布号算料文件

功能:用于打开已经保存的算料文件。

操作:(1)单击【文档】菜单→【算料文件】→【打开单布号算料文件】;

(2)在观看或修改后再单击【保存】即可;

(3)也可以直接单击打开每一床唛架文件。

● 新建多布号算料文件

功能:根据不同布料计算某款订单所用不同布种的用布量。

操作:与新建单布号算料文件类似。多一项增加布号功能。

● 打开多布号算料文件

功能:用于打开已经保存的多布号算料文件。

操作:(1)单击【文档】菜单→【算料文件】→【打开多布号算料文件】;

(2)在查看或修改后再单击【保存】即可;

(3)也可以直接单击打开每一床唛架文件。

9. 另存

功能:用于为当前文件做备份。

操作:单击【文件】菜单→【另存】,弹出【另存唛架文件为】对话框,在文件名文本框中输入文档名,选择路径来存储档案,按【保存】即可。

10. 号型替换

功能:为了提高排料效率,在已排好的唛架上替换号型中的一套或多套。

操作:(1)单击【文档】菜单→【号型替换】,并弹出其对话框,如图3-13所示;

图 3-13

(2)在【替换号型】后选择要替换的号型并输入替换套数,单击【确定】即可。勾选【显示款式名】可显示出纸样的款式名。

(3)如果有重叠纸样或空隙,请自行调整纸样然后另存。

11. 关联

功能:对已经排好的唛架,纸样又需要修改时,在设计与放码系统中修改保存后,应用关联可对之前已排好的唛架自动更新,不需要重新排料。

操作:(1)单击【文档】菜单→【关联】,弹出【关联】对话框;

(2)选择适合的选项;

(3)按【确定】,显示关联成功。

12. 输出位图

功能:用于将整张唛架输出为".bmp"格式文件,并在唛架下面输出一些唛架信息。可用来在没有装 CAD 软件的计算机上查看唛架。

操作:(1)单击【文档】菜单→【输出位图】;

(2)弹出【输出位图】对话框,输入位图的宽度、高度后单击【确定】即可。

13. 设定打印机

功能:用于设置打印机型号、纸张大小、打印方向等。

操作:(1)单击【文档】菜单→【设置打印机】,弹出【打印设置】对话框;

(2)根据对话框设置各项参数。

14. 打印排料图

包含了参数设置、打印预览功能、打印、单页换行打印预览、单页换行打印、设置打印底图等命令,下面分别介绍各自功能与操作方法。

● 参数设置

功能:对打印排料图的尺寸大小及页边距进行设定。

操作:(1)单击【文档】菜单→【打印排料图】→【参数设置】;

(2)弹出【打印唛架图】对话框;

(3)在【尺寸】栏内选择所需要的唛架图比例,在【页边距】栏内输入上、下、左、右的留白尺寸,单击【确定】即可。

● 打印预览功能

功能:用于查看排料图的打印效果。

操作:(1)单击主工具匣🔍打印预览或单击【文档】菜单→【打印排料图】→【打印预览】;

(2)弹出打印预览界面,满意后单击【打印】即可。

● 打印

功能:将唛架上的排料图以较小比例输出到打印机上。

操作:(1)单击主工具匣🖨图标打印或单击【文档】菜单→【打印排料图】→【打印】;

(2)弹出【打印】对话框,单击【确定】即可打印。

● 单页换行打印预览

功能:用于查看单页换行打印的打印效果。

操作:(1)单击【文档】菜单→【打印排料图】→【单页换行打印预览】;

(2)弹出打印预览界面,满意后单击【打印】即可。

● 单页换行打印

功能:用于打印单页换行排料图。

操作:(1)单击【文档】菜单→【打印排料图】→【单页换行打印】;

(2)在弹出的对话框内进行打印的参数设定,单击【确定】即可。

● 设置打印底图

功能:用于把已做好的文件(表格)设定为底图,与唛架图一起打印。

操作:(1)单击【文档】菜单→【打印排料图】→【设置打印底图】;

(2)弹出【设置打印底图】对话框,单击【浏览】,即可打开【选取底图文件】对话框,选取已填好内容的".DOC"文件(一种 Word 文件格式),单击【打开】即可回到【设置打印底图】对话框;

(3)勾选【打印底图】设置【页边距】,【确定】即可设置好表格为底图表格;

(4)单击【文档】菜单→【打印排料图】→【单页换行打印预览】。

15. 打印排料信息

包含了设置参数、打印预览、打印、批量打印等命令,下面介绍相关命令的功能与操作方法。

● 设置参数

功能:对打印排料信息进行设定。

操作:(1)单击【文档】菜单→【打印排料信息】→【设置参数】;

(2)弹出【排料资料】对话框;

(3)单击【总体资料】或【号型资料】旁的小三角弹出菜单,单击勾选所需内容,如图3-14所示(这两个框中都可进行换行、插入、删除等工作);

(4)在【总体资料】及【号型资料】文本框中可编辑文本,在预览栏内可看到结果;

(5)最后单击【确定】即可。

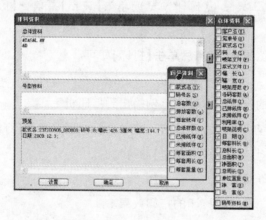

图 3-14

● 打印预览

功能:用于查看排料信息的打印效果。

操作:(1)单击【文档】菜单→【打印排料信息】→【打印预览】;

(2)弹出打印预览界面,满意后单击【打印】即可。

● 打印

功能:用于打印排料信息。

操作:(1)单击【文档】菜单→【打印排料信息】→【打印】;

(2)弹出【打印】对话框,单击【确定】即可打印。

● 批量打印

功能:用于批量打印排料信息。

操作:单击【文档】菜单→【打印排料信息】→【批量打印】即可。

16. 最近文件

功能:该命令可快速打开最近用过的 5 个文件。

操作:单击【文档】菜单,在菜单下面单击选择一个文件名,即可打开该文件。

17. 结 束

功能:该命令用于结束本系统的运行。

操作:单击该命令,对文件进行保存处理后,即可退出该系统。

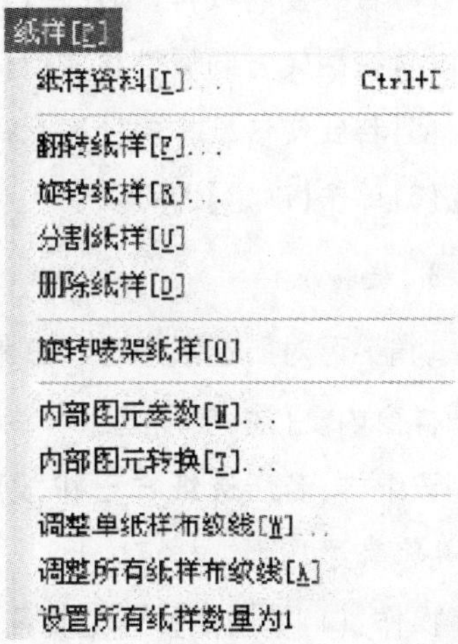

二、【纸样】菜单

【纸样】菜单放置了与纸样操作直接相关的命令,如图 3 - 15 所示,下面介绍部分命令的功能与操作方法。

1. 纸样资料

功能:放置着当前纸样当前尺码的信息,也可以对其作出修改。

操作:(1)单击号型表中纸样的某一号型;

(2)单击【纸样】菜单→【纸样资料】;

(3)默认显示该选项卡,该项中有开样或放码系统中已定义好的纸样信息,查看这些内容,并可根据情况在排料前进行修改,排料将会按照修改的信息进行,如图 3 - 16 所示;

(4)单击【采用】,该项内容被确认,单击【关闭】。

2. 翻转纸样

功能:用于将所选中的纸样进行翻转。若所选纸样尚未排放到唛架上,则可对该纸样进行直接翻转,可以不复制该纸样;若所选纸样已排放到唛架上,则只能对其进行翻转复制,生成相应的新纸样,并将其添加到纸样窗内。

操作:(1)在尺码列表栏内单击需要翻转的纸样;

图 3 - 15

纸样[P]

纸样资料[I]	Ctrl+I
翻转纸样[P]…	
旋转纸样[R]…	
分割纸样[U]…	
删除纸样[D]…	
旋转唛架纸样[Q]	
内部图元参数[M]…	
内部图元转换[T]…	
调整单纸样布纹线[W]…	
调整所有纸样布纹线[A]	
设置所有纸样数量为1	

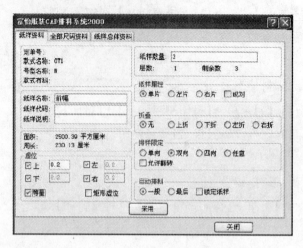

图 3-16

(2)单击【纸样】菜单→【翻转纸样】,弹出【翻转纸样】对话框;

(3)若要复制纸样,则点中【纸样复制】选项;

(4)在翻转方向属性栏中有【上下翻转】和【左右翻转】两个选项,选择一个所需选项;

(5)若要使该纸样的所有尺码纸样都翻转,则点中【所有尺码】选项;

(6)单击【确定】即可。

3. 旋转纸样

功能:可对所选纸样进行任意角度旋转,还可复制其旋转纸样,生成一新纸样,添加到纸样窗内。(注:若所选纸样尚未排放到唛架上,则可对该纸样进行直接旋转,可以不复制该纸样;若所选纸样已排放到唛架上,则只能对其进行旋转复制,生成相应的新纸样,并将其添加到纸样窗内)

操作:(1)单击纸样窗选择需要旋转的纸样;

(2)单击【纸样】菜单→【旋转纸样】,弹出【旋转唛架纸样】对话框;

(3)若要旋转并复制纸样,选中【纸样复制】;

(4)在旋转角度框中输入要旋转的角度值;

(5)在旋转方向栏下选择顺时针或逆时针旋转选项;

(6)若要使该纸样的所有尺码纸样都旋转,则选中【所有尺码】选项,否则只使所选纸样的一个尺码的纸样旋转;

(7)单击【确定】,完成纸样的旋转。

4. 分割纸样

功能:将所选纸样按需要进行水平或垂直分割。在排料时,为了节约布料,在不影响款式式样的情况下,可将纸样剪开,分开排放在唛架上。

操作:(1)在纸样窗内选择需要分割的纸样;

(2)单击【纸样】菜单→【分割纸样】,弹出【剪开复制纸样】对话框;

(3)选择水平剪开或垂直剪开;

(4)若要不等量剪开纸样,则去掉【对半剪开】勾选项,使纸样可以自由选择剪开的位置;

(5)用鼠标单击右边纸样上要分割的位置,红色【＋】光标,会定在鼠标点击的地方,同时【剪开线位置】的【X】【Y】中也会显示出分割的位置;也可以在【剪开线位置】的【X】【Y】中,输入具体的量来定剪开线的位置;

(6)在【缝份】文本框中输入缝份量;

(7)若要把纸样等量对半剪开纸样,可选择【对半剪开】选项;

(8)单击【确定】,完成剪开纸样。

5. 删除纸样

功能:删除一个纸样中的一个码或所有的码。

操作:(1)选择要删除的纸样;

(2)单击【纸样】菜单→【删除纸样】,弹出对话框;

(3)点击【是】就可以删除这个纸样所有码的纸样;

(4)点击【否】则只删除当前选择码的纸样。

6. 旋转唛架纸样

功能:对选中纸样设置旋转的度数和方向。

操作:单击【纸样】菜单→【旋转唛架纸样】,弹出对话框,在对话框里输入旋转的角度,点击旋转方向,选中的纸样就会作出相应的旋转。

7. 内部图元参数

功能:内部图元命令是用来修改或删除所选纸样内部的剪口、钻孔等服装附件的属性的。图元是指剪口、钻孔等服装附件。用户可改变这些服装附件的大小、类型等选项的特性。

操作:(1)单击唛架,选一个要修改图元属性的纸样;

(2)单击【纸样】菜单→【内部图元参数】,弹出【内部图元】对话框,如图 3－17 所示;

(3)在对话框中作出选择;

(4)修改完整后,单击【关闭】,关闭该对话框。

8. 内部图元转换

功能:用该命令可改变当前纸样,或当前纸样所有尺码,或全部纸样内部的所有附件的属性。它常常用于同时改变唛架上所有纸样中的某一种内部附件的属性,而上面讲述的【内部图元参数】命令则只用于改变某一个纸样中的某一个附件的属性。

操作:(1)打开某个唛架;

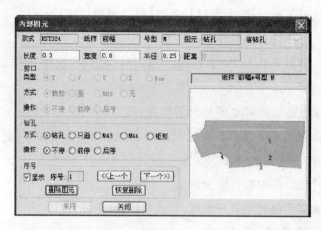

图 3－17

（2）单击【纸样】菜单→【内部图元转换】，弹出【全部内部图元转换】对话框，如图 3－18 所示；

（3）在对话框中作出选择；

（4）修改完整后，单击【关闭】，关闭该对话框。

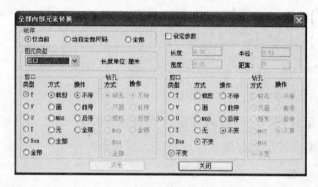

图 3－18

9．调整单纸样布纹线

功能：调整所选择的纸样的布纹线。

操作：（1）单击【纸样】菜单→【调整单纸样布纹线】；

（2）在弹出的【布纹线调整】对话框中，用上、下、左、右四个箭头移动布纹线的位置，如图 3－19 所示；

（3）【加长】【缩短】可以改变布纹线的长短；

（4）【上下居中】【左右居中】可以让布纹线上下居中或左右居中；

（5）调整好后按下【应用】，所有纸样调整完之后，单击【关闭】。

10．调整所有纸样布纹线

功能：调整所有纸样的布纹线位置。

操作：单击【纸样】菜单→【调整纸样布纹线所有】，弹出对话框，勾选【上下居中】【左右居中】可以让所有纸样的布纹线上下居中或左右居中,如图 3－20 所示。

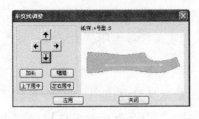

图 3－19 图 3－20

11. 设置所有纸样数量为 1

功能:将所有纸样的数量改为 1。(常用于在排料中排"纸版")

操作:(1)单击【纸样】菜单→【设置所有纸样数量为 1】;

(2)纸样窗里所有纸样的数量都变成了 1;

(3)如果要改回以前的数量,作如下操作:

① 点击打开款式文件图标;

② 弹出【选取款式】对话框,点击文件名,再点击【查看】;

③ 弹出【纸样制单】对话框,点击【确定】,返回上一个对话框也点击【确定】,就可以恢复以前的设定了。

三、【唛架】菜单

该菜单包含了与唛架和排料相关的命令,如指定唛架尺寸、清除唛架、定义唛架、参考唛架、单位选择等,如图 3－21 所示,下面介绍相关命令的功能与操作方法。

1. 清除唛架

功能:用该命令可将唛架上的所有纸样从唛架上清除,并将它们返回到纸样列表框。

操作:(1)单击【唛架】菜单→【清除唛架】;

(2)弹出提示对话框,选【是】则清除唛架上所有纸样,选【否】则不清除。

2. 移除所选纸样

功能:将唛架上所有选中的纸样从唛架上清除,并将它们返回到纸样列表框。其与删除纸样是不一样的。

图 3－21

操作:(1)用 ⬉ 选中唛架上的纸样;

(2)单击【唛架】菜单→【移除所选纸样】或按 Delete;

(3)选中纸样都返回纸样列表框。

3. 选中全部纸样

功能:用该命令可将唛架区的纸样全部选中。

操作:单击【唛架】菜单→【选中全部纸样】,则唛架区域内所有的纸样将被选中。

4. 选中折叠纸样

功能:用该命令可以将唛架上不同位置的折叠纸样分别选中,该命令包含了【折叠在唛架的上端】【折叠在唛架的下端】【折叠在唛架的左端】【所有折叠纸样】4个命令。

操作:单击【唛架】→【选中折叠纸样】,再选择相应命令,进行所需操作。

5. 选中当前纸样

功能:将当前选中纸样的当前号型的全部纸样选中。

操作:单击【唛架】菜单→【选中当前纸样】,则在唛架中该纸样对应号型的所有纸样全被选中。

6. 选中当前纸样的所有号型

功能:将当前选中纸样所有号型的全部纸样选中。

操作:单击【唛架】菜单→【选中当前纸样的所有号型】,则在唛架中当前纸样的所有号型的纸样都被选中。

7. 选中与当前纸样号型相同的所有纸样

功能:将与当前纸样号型相同的全部纸样选中。

操作:单击【唛架】菜单→【选中与当前纸样号型相同的所有纸样】,则在唛架中与当前纸样的号型相同的纸样都被选中。

8. 选中所有固定位置的纸样

功能:将所有固定位置的纸样选中。

操作:单击【唛架】菜单→【选中所有固定位置的纸样】,则在唛架中所有固定位置的纸样全被选中。

9. 检查重叠纸样

功能:用于检查唛架上纸样的重叠情况。

操作:(1)单击【唛架】菜单→【检查重叠纸样】,弹出【检测重叠纸样】对话框,如图3-22所示;

(2)① 勾选【检测重叠纸样】,点击【确定】则唛架区域内所有重叠的纸样为空心,不填充,并弹出警告框;当重叠纸样被分开放置后,不再有重叠部分时,它们的颜色又能恢复如初;

② 勾选【检测重叠量大于指定值的纸样】,在旁边填上需要的数量,点击【确定】,弹出对话框,告知有几个纸样满足条件;

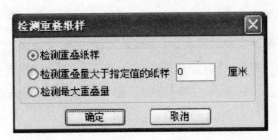

图 3-22

③ 勾选【检测最大重叠量】,点击【确定】,弹出对话框,告知最大的重叠量是多少。

10. 检查排料结果

功能:当纸样被放置在唛架上,可用此命令检查排料结果。可用【排料结果检查】对话框检查已完成套数、未完成套数及重叠纸样,通过其还可了解原订单套数,每套纸样数、不成套纸样数等。

操作:(1)单击【唛架】菜单→【检查排料结果】,将显示【排料结果检查】对话框;

(2)在对话框中通过单击【纸样档案】文本框中的下拉箭头和【尺码】文本框中的下拉箭头来选择需要检查的纸样号型;选择【成套】或【不成套】按钮查看纸样。

11. 设定唛架布料图样

功能:显示唛架布料图样。

操作:(1)单击【选项】菜单→【显示唛架布料图样】;

(2)单击【唛架】菜单→【设定唛架布料图样】,弹出对话框,单击【选择图样】,弹出【打开】对话框,如图 3-23 所示;

图 3-23

(3)在【打开】对话框里选择布料图样,单击【打开】;

(4)单击【确定】唛架上就会出现刚才设定的图样;

(5)想要改变或删除唛架布料图样,点击【唛架】菜单→【设定唛架布料图样】,弹出对话框,重做步骤(2)就可以改变图样,点击【删除图样】则可以取消唛架上的图样。

12. 固定唛架长度

功能：以所排唛架的实际长度固定【唛架设定】中的唛架长度。

操作：单击【唛架】菜单→【固定唛架长度】，唛架长度就会以当前纸样排列的长度计算。要改变固定的长度，点击图标，在【唛架设定】对话框里改变唛架的长度。

13. 定义基准线

功能：在唛架上做标记线，排料时可以做参考，标示排料的对齐线，把纸样向各个方向移动时，可以使纸样以该线对齐；也可以在排好的对条格唛架上，确定下针的位置。并且在小型打印机上可以打印基准线在唛架上的位置及间距。（常用于礼服厂钉珠排料、刀模厂手工排料，拉高低床，针床）

操作：(1)单击【唛架】菜单→【定义基准线】；

(2)弹出【编辑基准线】对话框，在【水平】【垂直】栏下，单击【增加】可在位置栏下弹出一个文本框，用键盘输入数值即可确定一条水平基准线的位置，再单击【增加】，还可增加多条，选中后单击【删除】还可删除该线；

(3)完成后单击【确定】即可。

14. 定义条格对条

功能：用于设定布料条格间隔尺寸、设定对格标记及标记对应纸样的位置。

操作：(1)单击【唛架】→【定义对条对格】，弹出对话框，如图 3-24 所示；

(2)首先单击【布料条格】，弹出【条格设定】对话框，如图 3-25 所示，根据面料情况进行条格参数设定；设定好面料按【确定】，结束回到母对话框；

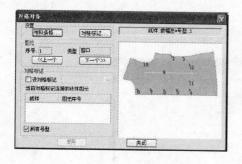

图 3-24

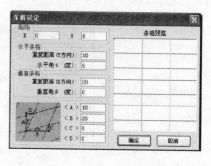

图 3-25

(3)单击【对格标记】，弹出【对格标记】对话框，如图 3-26 所示；

(4)在【对格标记】对话框内单击【增加】，弹出【增加对格标记】对话框，在【名称】框内设置一个名称如 a 对腰位，单击【确定】回到母对话框，继续单击【增加】，设置 b 对袋位，设置完之后单击【关闭】，如图 3-27 所示，回到【对格对条】对话框；

(5)在【对格对条】对话框内单击【上一个】或【下一个】，直至选中对格对条的标记剪口或钻孔如前左幅的剪口 3，在【对格标记】中勾选【设对格标记】并在下拉菜单下选择标

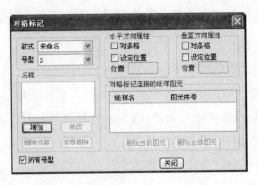

图 3 - 26

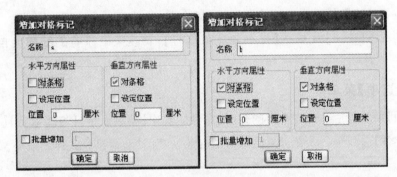

图 3 - 27

记 a,单击【采用】按钮。继续单击【上一个】或【下一个】按钮,选择标记 11,用相同的方法,在下拉菜单下选择标记 b 并单击【采用】;

(6)选中后幅,用相同的方法选中腰位上的对位标记,选中对位标记 a,并单击【采用】,同样对袋盖设置好,如图 3 - 28 所示;

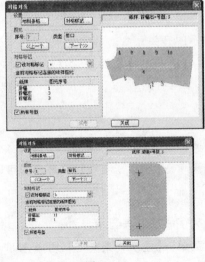

图 3 - 28

(7)单击并拖动纸样窗中要对格对条的样片,到唛架上释放鼠标。由于对格标记中没有勾选【设定位置】,后面放在工作区的纸样是根据先前放在唛区的纸样对位的。

15. 排列纸样

功能:可以将唛架上的纸样以各种形式对齐。

操作:(1)选中唛架上要对齐的纸样;

(2)点【唛架】菜单→【排列纸样】,选择【左对齐】【右对齐】【上对齐】【下对齐】【中点水平对齐】【中点垂直对齐】中所需要的选项;

(3)唛架上的纸样就会以选择的对齐方式作出相应的变化。

16. 排列辅唛架纸样

功能:将辅唛架的纸样重新按号型排列。

操作:单击【唛架】菜单→【排列辅唛架纸样】,辅唛架上原有的纸样会自动按号型排列。

四、【选项】菜单

【选项】菜单包括了一些常用的开/关命令。其中【参数设定】【旋转限定】【翻转限定】【颜色】【字体】这几个命令在工具匣都有对应的快捷图标,请参照其详细说明,如图 3 - 29 所示。

1. 对格对条

功能:此命令是开关命令,用于条格、印花等图案的布料的对位。

操作:单击【选项】菜单→【对格对条】,勾选即可进行对格对条。

2. 显示条格

功能:该命令是条格显示的开关命令。

操作:单击【选项】菜单→【显示条格】,勾选该选项则显示条格。反之,则不显示。

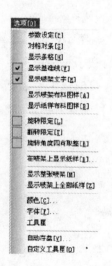

图 3 - 29

3. 显示基准线

功能:用于在定义基准线后控制其显示与否。

操作:单击勾选【选项】菜单→【显示基准线】,再单击即可取消勾选。

4. 显示唛架文字

功能:用于在定义唛架文字后控制其显示与否。

操作:单击勾选【选项】菜单→【显示唛架文字】,再单击即可取消勾选。

5. 显示唛架布料图样

功能:用于在定义唛架布料图样后控制其显示与否。

操作:单击勾选【选项】菜单→【显示唛架布料图样】,再单击即可取消勾选。

6.显示纸样布料图样

功能:用于在定义纸样布料图样后控制其显示与否。

操作:单击勾选【选项】菜单→【显示纸样布料图样】,再单击即可取消勾选。

7.在唛架上显示纸样

功能:决定将纸样上的指定信息显示在屏幕上或随档案输出。

操作:(1)单击【选项】菜单→【在唛架上显示纸样】,弹出【显示唛架纸样】对话框,如图 3－30 所示。

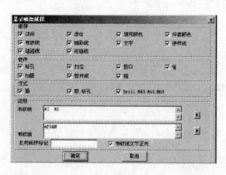

图 3－30

(2)选择所需选项,选项右边有【√】标记,表示该选项被选中,再选择【确定】,选中的选项将被显示在屏幕上和随档案输出。

8.工具匣

功能:用于控制工具匣的显示与否。

操作:单击【选项】菜单→【工具匣】,勾选各工具匣的名称,则显示该工具匣,反之则关闭,一般默认为勾选,如图 3－31 所示。

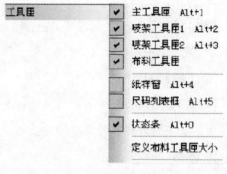

图 3－31

9.自动存盘

功能:按设定时间、设定路径、文件名存储文档,以免出现因停电等造成文件丢失的意外情况。

操作:(1)单击【选项】菜单→【自动存盘】,弹出【自动存盘】对话框,在对话框中单击勾选【设置自动存盘】;

(2)在【存盘间隔时间】文本框内输入存盘时间,单击【确定】即可;

(3)如果您的唛架已经存过盘,那么,自动存盘时间一到,唛架将按原路径、原文件名保存;

(4)如果没有存过盘,则会弹出【另存为】对话框,选定路径,起好文件名,保存即可。

10. 自定义工具匣

功能:添加自定义工具。

操作:(1)单击【选项】菜单→【自定义工具匣】,弹出如图 3 - 32 所示的对话框;

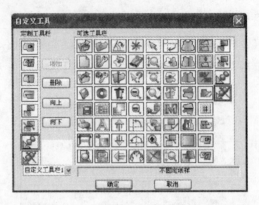

图 3 - 32

(2)单击左下角的三角按钮,选择要设定的自定义工具匣选项;

(3)选中工具匣里要添加的工具图标;

(4)单击【增加】,该工具图标就会出现在定制工具匣里;

(5)单击【向上】或【向下】,可以让当前选中的工具图标向上一个或向下一个位置移动;

(6)单击【确定】;

(7)定义好自定义工具匣后,在任意一个工具匣上击鼠标右键,弹出图 3 - 32 所示的对话框,勾选设定的自定义工具栏,就可将设定好的工具显示出来。

五、【排料】菜单

【排料】菜单包含了一些与自动排料有关的命令,如图 3 - 33 所示。下面介绍部分命令的功能与操作方法。

1. 停止

功能:用来停止自动排料程序。

操作:(1)【排料】菜单→【开始自动排料】;

(2)在自动排料正在进行时,如想停止自动排料,请立即单击【排料】菜单→【停止】;

(3)弹出【排料结果】对话框;

(4)想再继续排料请单击【排料】菜单→【开始自动排料】即可。

图 3 - 33

2. 开始自动排料

功能:开始进行自动排料指令。

操作:(1)单击【排料】菜单→【开始自动排料】;

(2)结束时,弹出【排料结果】信息框;

(3)如果唛架上已排有纸样,则系统会将剩余的纸样接着排完。

3. 分段自动排料

功能:用于排切割机唛架图时,自动按纸张大小分段排料。

操作:(1)单击【排料】菜单→【分段自动排料】;

(2)弹出【分段排料】对话框,在段长文本框与段间隔文本框内输入数值,如图 3-34
所示;

图 3-34

(3)单击确定,纸样窗纸样就以设定的数值进行分段排料。

4. 自动排料设定

功能:自动排料设定命令是用来设定自动排料程序的【速度】的。在自动排料开始之
前,根据需要在此对自动排料速度作出选择。

操作:单击【排料】菜单→【自动排料设置】对话框,选择相应选项确定即可。

5. 定时排料

功能:可以设定排料用时、利用率,系统会在指定时间内自动排出利用率最高的一床
唛架,如果利用率比设定的高就显示。

操作:单击【排料】菜单→【定时排料】。

6. 复制整个唛架

功能:手动排料时,某些纸样已手动排好一部分,而其剩余部分纸样想参照已排部分
进行排料时,可用该命令,剩余部分就按照其已排的纸样的位置进行排放。

操作:(1)排好欲排纸样;

(2)单击【排料】菜单→【复制整个唛架】,则纸样的剩余份数按照已排纸样的位置
排好;

(3)如果还有未排套数,则会弹出询问是否继续复制对话框,单击【是】则继续将剩余部分复制,单击【否】则停止复制;

(4)如果已经没有相同纸样可以复制,会出现以下两种情况:

A. 在 🧵 参数设定的排料参数中勾选了【纸样不足时不允许复制操作】选项,则会显示【纸样不足!】对话框,单击【确定】,关闭该对话框,单击 📂 打开【选取款式】对话框,双击文件名,打开【纸样制单】对话框,为要复制的纸样添加【号型套数】或【每套裁片数】,单击【确定】,再重新执行该命令即可。

B. 在 🧵 参数设定的排料参数中没有勾选【纸样不足时不允许复制操作】选项,系统会弹出【纸样数量不足!继续复制吗?】对话框,单击【是】,则纸样被复制,但是号型表窗的纸样数量会出现负值,如果要计算用料就一定要在 🧵 内为纸样添加数量,否则计算会出现错误。

7. 复制整个倒插唛架

功能:使未放置的纸样参照已排好唛架的排放方式排放并且旋转 180 度。

操作:在排好一部分纸样后,单击【排料】菜单→【复制倒插整个唛架】,即可将剩余相同纸样复制其排料形式并旋转 180 度排放,其他情况参考【复制整个唛架】。

8. 复制选中纸样

功能:使选中纸样的剩余部分,参照已排好的纸样的排放方式排放。

操作:在排好一部分纸样后,用 ▨ 纸样选择工具框选或按住 Ctrl 键点选纸样,单击【排料】菜单→【复制选中纸样】,即可用其剩余的纸样按照其排列方式复制,平移排放在唛架上。

9. 复制倒插选中纸样

功能:使选中纸样剩余的部分,参照已排好的纸样的排放方式,旋转 180 度排放。

操作:在排好一部分纸样后,用 ▨ 纸样选择工具框选或按住 Ctrl 键点选纸样,单击【排料】菜单→【复制倒插选中纸样】,即可用其剩余的纸样按照其排列方式复制,并且旋转 180 度排放在唛架上。

10. 整套纸样旋转 180 度

功能:使选中纸样的整套纸样作 180 度旋转。

操作:(1)选中唛架区的一个纸样;

(2)敲键盘 F4 或单击【排料】菜单→【整套纸样旋转 180 度】,即可。

11. 排料结果

功能:报告最终的布料利用率、完成套数、层数、尺码、总裁片数和所在的纸样档案。

操作:排料中或排料后单击【排料】菜单→【排料结果】,显示【排料结果】对话框,看完后,单击【确定】即可。

12. 排队超级排料

功能:在一个排料界面中排队超排。

操作:(1)单击【排料】菜单→【排队超级排料】,弹出【排队超排】对话框;

(2)单击【增加】按钮,把需要超排的唛架打开;

(3)点击开始排料按钮,即可开始排料。

六、【裁床】菜单

【裁床】菜单集合了与自动裁剪有关的命令,主要包括【裁剪次序设定】和【自动生成裁剪次序】两个命令,下面分别介绍其功能与操作方法。

1. 裁剪次序设定

功能:用于设定自动裁床裁剪纸样时的顺序。

操作:(1)单击【裁床】菜单→【编辑裁剪次序】,即可看到自动设定的裁剪顺序;

(2)按住 Ctrl 键,单击裁片,弹出【裁剪序号】对话框;

(3)在对话框内输入数值,即可改变裁片的裁剪次序;

(4)在【起始点】栏内单击 ⩿ 或 ⩾ 可移动该纸样的切入起始点;

(5)勾选【设置所有相同纸样】,单击【确定】,即可将所有相同纸样设置为相同的起始点。

2. 自动生成裁剪次序

功能:手动编辑过的裁剪顺序,用该命令可重新生成裁剪次序。

操作:单击【裁床】菜单→【自动生成裁剪次序】,即可重新生成裁剪次序。自动裁床即可依照该次序进行裁剪。

七、【计算】菜单

【计算】菜单集合了与计算用料消耗有关的命令,主要包括【计算布料重量】和【利用率和唛架长】两个命令,下面介绍其功能与操作方法。

1. 计算布料重量

功能:用于计算所用布料的重量。

操作:(1)排好纸样后,单击【计算】菜单→【计算布料重量】;

(2)在弹出的对话框内,输入【单位重量】,电脑自动算出布料重量(布宽×布长×层数×单位重量),如图 3-35 所示。

2. 利用率和唛架长(图 3-36)

功能:根据所需利用率计算唛架长。

操作:(1)单击【计算】菜单→【利用率和唛架长】;

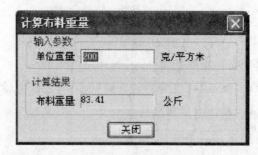

图 3-35

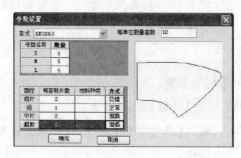

图 3-36

(2)在弹出的对话框内,输入【利用率】,电脑会根据利用率自动算出布料长度。

八、【制帽】菜单

该菜单放置了与制帽排料有关的命令,包括【设定参数】【估算用料】和【排料】3 个命令,下面介绍其功能与操作方法。

1. 设定参数

功能:用于设定刀模排版时刀模的排刀方式及其数量、布种等。

操作:单击【制帽】菜单→【设定参数】,弹出【参数设置】对话框,在对话框内输入每个号型的数量或单位数量套数,在【方式】下【正常】位置双击,可选择需要排料的方式,如正常、倒插、交错等,如图 3-37 所示。

图 3-37

2. 估算用料

功能:用于计算各号型的用料量。

操作：单击【制帽】菜单→【估算用料】，弹出【估料】对话框，在对话框内单击【设置】，可设定单位及损耗量。完成后单击【计算】可算出各号型的纸样用布量。完成后关闭，如图 3-38 所示。

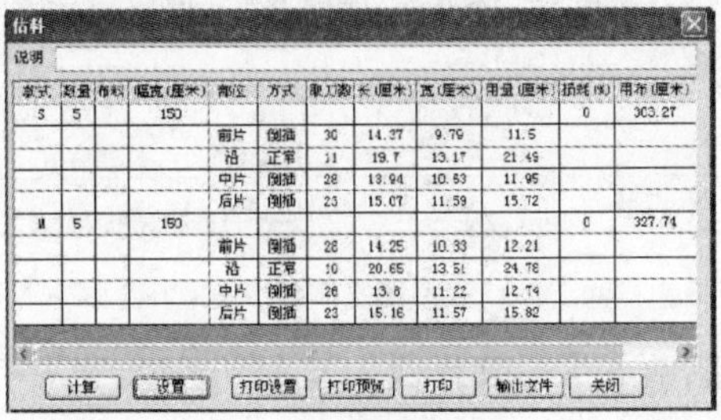

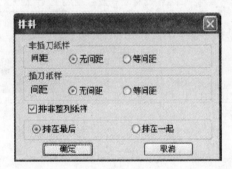

图 3-38

3. 排料

功能：用刀模裁剪时，对所有纸样的统一排料。

操作：单击【制帽】菜单→【排料】，弹出【排料】对话框，在对话框内选择【插刀纸样】和【非插刀纸样】进行设定，完成后按【确定】系统会自动排料，如图 3-39 所示。

图 3-39

第三节　主工具匣

主工具匣如图 3-40 所示，下面将分别进行介绍。

图 3-40

1. 打开款式文件

功能：主工具匣中的打开款式文件与文档菜单中打开款式文件的命令作用相同，可以命令产生一个新唛架，也可向当前的唛架文档添加若干款式。

操作:(1)单击 图标,弹出【选择款式】对话框,如图 3 - 41 所示。

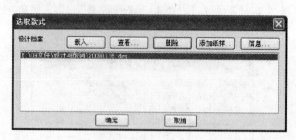

图 3 - 41

(2)单击【载入】按钮,弹出【选取款式文档】对话框,单击所需款式文档,再单击【打开】按钮。

(3)弹出【纸样制单】对话框,如图 3 - 42 所示,输入相应的信息,单击【确定】按钮。

(4)回到【选择款式】对话框,单击【确定】按钮。

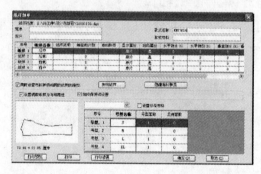

图 3 - 42

2. 新建

功能:主工具匣中的新建与文档菜单中新建命令作用相同,产生新唛架。

操作:(1)单击 图标或单击【文档】菜单→【新建】,弹出【唛架设定】对话框,如图 3 - 43 所示,参照对话框说明进行设定;

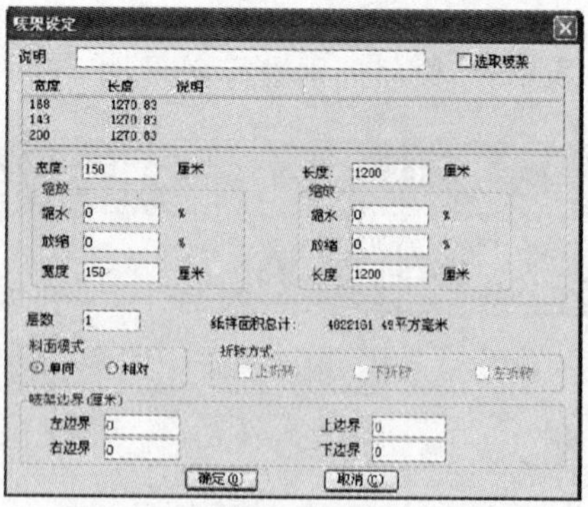

图 3 - 43

（2）单击【确定】，如有未保存唛架，则弹出对话框，询问【是否保存】，选【是】唛架就以原路径保存，弹出【选取款式】对话框；

（3）单击【载入】，弹出【选取款式文档】对话框，选择 DGS 或 PDS 或 PTN 文件，双击选中文件名，弹出【纸样制单】对话框；

（4）按照对话框说明进行设置，再单击【确定】；

（5）回到第一个对话框，单击【确定】即可。

3. 打开

功能：主工具匣中的打开与文档菜单中的打开命令的作用相同，用于打开一个新唛架文件。

操作：（1）单击图标或单击【文档】菜单→【打开】，弹出【开启唛架文档】对话框；

（2）选择唛架文档（唛架文档都是".mkr"扩展名），按回车键，或按【打开】按钮，或在文件名上双击即可。

4. 打开前一个文件

功能：在当前打开的唛架文件夹下，按名称排序后，打开当前唛架的上一个文件。

操作：单击图标即可。

5. 打开后一个文件

功能：在当前打开的唛架文件夹下，按名称排序后，打开当前唛架的后一个文件。

操作：单击图标即可。

6. 打开原文件

功能：在打开的唛架上进行多次修改后，想退回到最初状态，用此功能一步到位。

操作：单击图标即可。

7. 保存

功能：该命令可将唛架保存在指定的目录下，方便以后使用。

操作：（1）单击图标或单击【文档】菜单→【保存】，如果屏幕上显示的".mkr"（唛架）文件已被保存过，则将该文件存在当前路径下的当前档案名下；如果是第一次存该文件，则会弹出【另存唛架文档为】对话框；

（2）选择恰当的存盘路径；

（3）在【文件名】文本框内输入唛架文件名，单击【保存】即可。

8. 存本床唛架

功能：对于一个文件，在排唛时，分别排在几个唛架上时，这时将用到【存本床唛架】命令。当存本床唛架时，给新唛架取一个与初始唛架相类似的档案名，只是最后两个字母被改成破折号（——）和一个数字。例如，如果初始档案被命名为 2035.mkr，那么其他唛架档案将被命名为 2035——1. mkr,2035——2. mkr……等等,依此类推。

操作:(1)单击 图标,弹出【储存现有排样】对话框;

(2)在对话框中给所存唛架输入档案名或单击【浏览】选择文件名,单击【确定】。

9. 打印

功能:该命令可配合打印机来打印唛架图或唛架说明。

操作:单击 图标,弹出【打印】对话框,选择对应的打印机型号,按【确定】即可。

10. 绘图

功能:用该命令可绘制 1∶1 唛架。只有直接与计算机串行口或并行口相连的绘图机或在网络上选择带有绘图机的计算机才能绘制文件。

操作:(1)单击 图标,弹出【绘图】对话框;

(2)单击【设置】弹出【绘图仪】对话框,在对话框中对当前绘图仪、纸张、预留边缘及绘图仪端口进行设定,选定选项后单击【确定】即可绘图。

11. 打印预览

功能:打印预览命令可以模拟显示要打印的内容以及在打印纸上的效果。

操作:单击 图标,弹出【打印预览】界面,如满意,单击【打印】按钮即可打印。

12. / 后退/前进

功能:撤销/回到上一步对唛架纸样的操作。

操作:单击 或 图标即可。

13. 增加样片

功能:可以将选中的纸样增加或减少其数量,可以只增加或减少一个码纸样的数量,也可以增加或减少所有码纸样的数量。

操作:(1)单击尺码表选择要增加的纸样号型;

(2)单击 图标,弹出【增加纸样】对话框,在对话框内输入增加的纸样数量,输负数为减少;

(3)勾选所有号型,可为所有码增加数量;

(4)单击【确定】即可。

14. 单位选择

功能:可以用来设定唛架的单位。

操作:单击 图标或单击【唛架】菜单→【单位选择】,弹出【单位选择】对话框如,图3-44 所示,在对话框里设置需要的单位,单击【确认】即可。

15. 参数设定

功能:该命令包括系统一些命令的默认设置。它由【排料参数】【纸样参数】【显示参

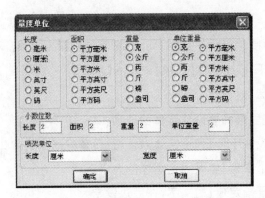

图 3 - 44

数】【绘图打印】及【档案目录】五个选项卡组成。

操作：(1)单击图标或单击【选项】菜单→【参数设定】，弹出【参数设定】对话框，如图 3 - 45 所示；

图 3 - 45

(2)修改完后按【应用】键，或单击另一个选项卡名标，进行修改，全部选定后，再单击【确定】。

16. 颜色设定

功能：该命令为本系统的界面、纸样的各尺码和不同的套数等分别指定颜色。

操作：单击主工具匣图标或单击【选项】菜单→【颜色】，弹出【选色】对话框。

17. 定义唛架

功能：该命令可设置唛架(布封)的宽度、长、层数、面料模式及布边。

操作：单击图标，或单击【唛架】菜单→【定义唛架】，弹出【唛架设定】对话框，在对话框内可以对唛架进行设定。

18. ⚞字体设定

功能：该命令可为唛架显示字体、打印、绘图等分别指定字体。

操作：(1)单击⚞图标或单击【选项】菜单→【字体】；

(2)弹出【选择字体】对话框；

(3)在左边的选框里选择要设置字体的选项；

(4)点击右边的【设置字体】弹出字体对话框，设置好所需的字体，点【确定】；

(5)可在【字体大小限定】里面限定字体的大小；

(6)勾选【忽略小于指定值】的文字，在旁边设定大小；

(7)点【确定】即可；

(8)如果单击【系统字体】，系统会选择默认的宋体、规则、9号。

19. 🖼参考唛架

功能：打开一个已经排列好的唛架作为参考。

操作：(1)单击🖼图标或单击【唛架】菜单→【参考唛架】，弹出【参考唛架】对话框；

(2)点击对话框中的图标，弹出【开启唛架文档】对话框；

(3)在对话框里选择打开要参考的唛架，可用来参考排列。

20. 🖼纸样窗

功能：用于打开或关闭纸样窗。

操作：🖼工具图标凹陷时，打开纸样窗，该工具图示凸起时，关闭纸样窗。

21. 🗒尺码列表框

功能：用于打开或关闭尺码表。

操作：🗒工具图标凹陷时，打开尺码表，该工具图示凸起时，关闭尺码表。

22. 🖼纸样资料

与【菜单】中的【纸样资料】完全一致，可参阅前文。

23. 🔺旋转纸样(参考前文)

24. 🔄翻转纸样(参考前文)

25. ♦分割纸样(参考前文)

26. 🗑删除纸样(参考前文)

第四节　唛架工具匣 1

唛架工具匣1可完成对唛架上纸样的选择、移动、旋转、翻转、放大、缩小、测量、添加文字等操作，如图3-46所示。

图 3 - 46

下面介绍它们的功能与操作方法：

1. 纸样选择

功能：用于选择及移动纸样。

操作：(1)选择一个纸样：用 工具图标单击一个纸。

(2)选择多个纸样：用 工具图标在唛架的空白处拖动，使要选择的纸样包含在一个虚线矩形框内，释放鼠标；或按住 Ctrl 键用鼠标逐个单击所选纸样。

(3)框选多个纸样：一次框选尺码表内的纸样拖动，可以是全部也可以是某个样处片的某个号型，击右键，则可以将框选的纸样自动排料。

(4)移动：用 工具图标单击纸样，按住鼠标再拖到所需位置处释放鼠标即可。

(5)右键拉线找位：用 工具图标在纸样上按住右键向目标方向拖动并松手，选中纸样即可移至目标位置。

(6)击右键：纸样份数为偶数，属性为对称，当放在工作区的纸样少于该纸样总数的一半时，用右键点击纸样，纸样会旋转 180 度，再击右键纸样翻转，再击右键，旋转 180 度，再击右键，纸样翻转……

(7)将工作区的纸样放回纸样窗：用 工具图标双击想要放回纸样窗的纸样，纸样自动回到纸样窗，可以框选对多个纸样进行操作。

(8)纸样与唛架边界：

① 纸样放置于唛架边界：按住 Ctrl 键，用 工具图标把纸样拖于唛架边界上；

② 定量移动纸样与唛架边界重叠量：当纸样与唛架边界接近时，且纸样处于选中状态，按住 Ctrl 键，每按一次方向键，纸样与唛架边界重叠一个"纸样移动步长"（参数设定→排料参数）；

③ 纸样与唛架边界的重叠检查：按住 Ctrl 键，用 工具图标单击与唛架边界重叠的纸样，即可显示重叠量。

2. 唛架宽度显示

功能：显示唛架的宽度

操作：单击 图标，主唛架就以宽度显示在可视界面。

3. 显示唛架上全部纸样

功能：主唛架的全部纸样都显示在可视界面。

操作：单击 图标或单击【选项】菜单→【显示唛架上全部纸样】，主唛架的全部纸样都显示在可视界面。

4. 显示整张唛架

功能：主唛架的整张唛架都显示在可视界面。

操作：单击 图标或单击【选项】菜单→【显示整张唛架】，主唛架的整张唛架都显示在可视界面。

5. 旋转限定

功能：该命令是限制唛架工具 1 中 依角旋转工具、 顺时针 90°旋转工具及键盘微调旋转的开关命令。

操作：与菜单命令【旋转限定】相同，参阅前文。

6. 翻转限定

与【选项】菜单中的【翻转限定】命令相同，参阅前文。

7. 放大显示

功能：该命令可对唛架的指定区域进行放大、缩小整体唛架以及移动唛架。

操作：(1)单击 图标；

(2)在要进行放大的区域上单击或框选然后释放鼠标；

(3)在放大状态下，击右键可缩小到上一步状态；

(4)按住右键不松手可对唛架进行移动。

8. 清除唛架

与【唛架】菜单中的【清除唛架】命令相同，参阅前文。

9. 尺寸测量

功能：该命令可测量唛架上任意两点间的距离。

操作：(1)单击 图标；

(2)在唛架上，单击要测量的两点中的起点再单击终点；

(3)测量所得数值显示在状态栏中，DX、DY 为水平、垂直位移，D 为直线距离。

10. 旋转唛架纸样

与【纸样】菜单中【旋转唛架纸样】命令相同，参阅前文。

11. 顺时针 90 度旋转

功能：【纸样】→【纸样资料】→【纸样属性】，排样限定选项点选的是【四向】或【任意】时，或虽选其他选项，当 旋转限定工具凸起时，可用该工具对唛架上的选中纸样进行 90 度旋转。

操作：选中纸样，单击 图标或击右键或按小键盘数字键 5，都可完成 90 度旋转。

12. 水平翻转

功能:【纸样】→【纸样资料】→【纸样属性】的排样限定选项中是【双向】【四向】或【任意】,并且勾选【允许翻转】时,可用该命令对唛架上的选中纸样进行水平翻转。

操作:选中纸样,单击图标或按小键盘数字键9,都可完成唛架纸样的水平翻转。

13. 垂直翻转

功能:【纸样】→【纸片资料】→【纸样属性】的排样限定选项中的【允许翻转】选项有效时,可用该工具对纸样进行垂直翻转。

操作:选中纸样,单击图标或按键盘数字键7,都可完成唛架纸样垂直翻转。

14. 纸样文字

功能:该命令用来为唛架上的纸样添加文字。

操作:单击图标,再点击唛架上的纸样,弹出【文字编辑】对话框,光标默认为【文字】文本框选中,键盘输入所需文字,单击【确定】即可。

15. 唛架文字

功能:用于在唛架的未排放纸样的位置加文字。

操作:(1)单击图标,在唛架空白处单击;

(2)出现【唛架文字】对话框;

(3)在对话框中输入文字,单击【确定】即可。

16. 成组

功能:将两个或两个以上的纸样组成一个整体。

操作:(1)用左键框选两个或两个以上的纸样,纸样呈选中状态;

(2)单击图标,纸样自动成组;

(3)移动时,可以将成组的纸样一起移动。

17. 拆组

功能:是与成组工具对应的工具,起到拆组作用。

操作:选中成组的纸样,在空白处单击拆组工具图标,成组纸样就拆组了。

18. 设置选中纸样的虚位

功能:在唛架区给选中纸样加虚位。

操作:(1)选中需要设置虚位的纸样;

(2)点击图标,弹出【设置选中纸样的虚位】对话框,如图3-47所示;

(3)输入虚位值,点击【确定】即可。

图3-47

第五节　唛架工具匣2

唛架工具匣 2 如图 3 - 48 所示,下
面介绍其功能与操作方法。

图 3 - 48

1. 显示辅唛架宽度

功能:使辅唛架以最大宽度显示在可视区域。

操作:单击图标,辅唛架以最大宽度显示在可视区域。

2. 显示辅唛架所有纸样

功能:使辅唛架上的所有纸样显示在可视区域。

操作:单击图标,辅唛架上的所有纸样显示在可视区域。

3. 显示整个辅唛架

功能:使整个辅唛架显示在可视区域。

操作:单击图标,整个辅唛架显示在可视区域。

4. 展开折叠纸样

功能:将折叠的纸样展开。

操作:选中折叠纸样,单击图标,即可看到被折叠过的纸样又展开。

5. 纸样右折、纸样左折、纸样下折、纸样上折

功能:当对唛架进行排料时,可将上下对称的纸样向上折叠、向下折叠,将左右对称
的纸样向左折叠、向右折叠。

操作:(1)【唛架设定】→【层数】,将层数设为偶数层,【料面模式】设为【相对】,【折转
方式】设为【下折转】;

(2)单击上下对称的纸样,再单击纸样下折,即可看到纸样被折叠为一半,并靠于唛
架相应的折叠边;

(3)同样,单击左右对称的纸样,再单击向左折叠或向右折叠,即可看到纸样被折叠
为一半,并靠于唛架相应的折叠边。

6. 裁剪次序设定

与【裁床】菜单中的【裁剪次序设定】命令相同,参阅前文。

7. 画矩形

功能：用于画出矩形参考线，并可随排料图一起打印或绘图。

操作：(1)单击▨图标，松开鼠标拖动再单击，即可画一个临时的矩形框；

(2)单击↖选择工具图标，将鼠标移至矩形边线，光标变成箭头时，点击右键，出现【删除】，点击【删除】就可以将刚才画的矩形删除了。

8. 重叠检查

功能：用于检查纸样与纸样的重叠量及纸样与唛架边界的重叠量。

操作：(1)单击图标，使其凹陷；

(2)在重叠的纸样上单击就会出现重叠量。

9. 设定层

功能：纸样的部分重叠时可对重叠部分进行取舍设置。

操作：(1)单击图标，整个唛架上的纸样设为1(上一层)；

(2)用该工具在其中重叠纸样上单击即可设为2(下一层)，绘图时，设为1的纸样可以完会绘出来，而设为2的纸样跟1纸样重叠的部分(显示灰色的线段)，可选择不绘出来或绘成虚线。

10. 制帽排料

功能：对选中纸样的单个号型进行排料，排列方式有正常、倒插、交错等。

操作：(1)选中要排的纸样，单击图标；

(2)弹出【制帽单纸样排料】对话框，如图3-49所示；

图3-49

(3)在【排料方式】中选择适合的排料方式，可勾选【纸样等间距】【只排整列纸样】【显示间距】；

(4)单击【确定】，该纸样就自动排料，如果勾选了【显示间距】，排完后会自动显示纸样间距，如果在排的时候没勾选【显示间距】，需要查看的时候，再选该选项也能显示出间距。

11. 主辅唛架等比例显示纸样

功能:将辅唛架上的"纸样"与主唛架"纸样"以相同比例显示出来。

操作:单击图标,使其凹陷,辅唛架上的纸样与主唛架纸样等比例显示出来,再单击该图标,可退回以前的比例。

12. 放置纸样到辅唛架

功能:将纸样列表框中的纸样放置到辅唛架上。

操作:单击图标,弹出对话框,可按款式名或号型选择放置纸样,选择完毕按【放置】将所选号型放置到辅唛架,放置好按【关闭】。

13. 清除辅唛架纸样

功能:将辅唛架上的纸样清除,并放回纸样窗。

操作:单击图标,辅唛架上的全部纸样放回纸样窗。

14. 切割唛架纸样

功能:将唛架上纸样的重叠部分进行切割。

操作:(1)选中需要切割的纸样,单击图标,弹出【剪开纸样】对话框,如图 3－50所示,在选中的纸样上显示着一条蓝色的切割线,在切割线的两端和中间各有一个小方框;

(2)左键单击切割线两端小方框其中的一个,松开鼠标,拖动鼠标到需要的位置再单击鼠标,则切割线就会以另一端的小方框为旋转中心旋转,旋转的角度就会显示在角度框内,在缝份框内可以输入缝份量。单击切割线中间的小方框,松开鼠标拖动,则是平移切割线,单击【垂直】和【水平】按钮则切割线呈垂直和水平切割,单击【确定】即可,如图 3－51 所示。

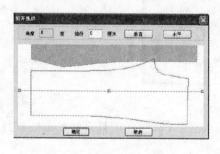

图 3－50

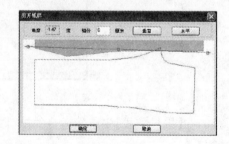

图 3－51

15. 裁床对格设置

功能:用于裁床上的对格设置。

操作:(1)对纸样以正常的步骤对条格;

(2)单击 ⊞ 图标,则工作区中已经对条对格的纸样就会以橙色填充显示,表示纸样被送到裁床上要进行对条对格;没有对条对格的纸样以灰色填充色显示;

(3)如果不想在裁床上对条对格,用该工具单击已对条格的纸样,则纸样的填充色由橙色变成蓝色,表示该纸样在裁床上不对条对格,再单击该纸样又由蓝色变橙色;也可以在唛架工作区击右键,在弹出的对话框中来设定。

注:勾选【选项】菜单→【对条对格】, ⊞ 裁床对格设置图标才被激活。

16. 缩放纸样

功能:对整体纸样放大或缩小。

操作:(1)点击选择 图标,在需要放大或缩小的唛架纸样上单击;

(2)弹出【放缩纸样】对话框,输正数原纸样会缩小,输负数原纸样会放大,输入相应数值确定即可。

第六节 布料工具匣

布料工具匣如图 3-52 所示。

图 3-52

功能:选择不同种类布料进行排料。

操作:点击图 3-52 所示的右边三角按钮,弹出文件中所有布料的种类,选择其中一种,纸样窗里就会出现对应布种的所有纸样。

第七节 超排工具匣

超排工具匣集合了与超级排料有关的工具,如图 3-53 所示。

图 3-53

1. 超级排料

功能:在短时间内排料的利用率比手工排料的利用率高。

操作:(1)载入纸样文件,设置好唛架宽;

(2)单击 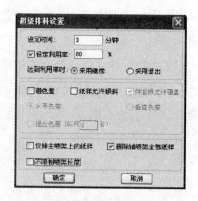 图标或单击【排料】菜单→【超级排料】,弹出【超级排料设置】,如图3-54所示;

(3)在设定时间内输入3~10分钟;

(4)单击【确定】,纸样开始排料。

2. 嵌入纸样

功能:对唛架上重叠的纸样,嵌入其纸样至就近的空隙里面去。

操作:(1)保证唛架上有纸样;

(2)单击 图标;

(3)弹出【拌动重叠纸样】对话框;

(4)选择一种模式,单击【OK】。

3. 改变唛架纸样间距

功能:对唛架上纸样的最小间距的设置。

操作:(1)保证唛架上有纸样;

(2)单击 图标;

(3)弹出【设置纸样间距】对话框,输入相应数值,确定即可。

4. 改变唛架宽度

功能:改变唛架宽度的同时,自动进行排料处理。

操作:(1)保证唛架上有纸样;

(2)单击 图标,弹出【重定义唛架宽度】对话框;

(3)选择处理模式,输入新的唛架宽度,单击【OK】即可。

5. 拌动唛架

功能:向左压缩唛架纸样,进一步提高利用率。

操作:(1)保证唛架上有纸样;

(2)单击 图标,弹出【拌动唛架】对话框;

(3)选择处理模式,单击【OK】即可。

6. 捆绑纸样

功能:对唛架上任意的多片纸样(必须大于1)进行捆绑。

操作:(1)选中需要捆绑的纸样;

(2)单击 图标。

7. 解除捆绑

功能:对捆绑纸样的一个反操作,使被捆绑纸样不再具有被捆绑属性。

操作:(1)选中已经被捆绑的纸样;

(2)单击 图标。

8. 固定纸样

功能:对唛架上任意的一片或多片纸样进行固定。

操作:(1)选中需要固定的纸样;

(2)单击 图标。

9. 解除固定

功能:对固定纸样的一个反操作,使固定纸样不再具有固定属性。

操作:(1)选中固定纸样;

(2)单击 图标。

第八节 隐藏工具

点击【选项】→【自定义工具匣】,将隐藏的 16 个工具图标用自定义工具栏的方式显示出来,如图 3-55 所示。

图 3-55

1. 上、下、左、右四个方向移动工具

功能:对选中样片作上、下、左、右四个方向移动,与数字键 8、2、4、6 的移动功能相同。

操作:用 工具选中需要滑动的纸样,再单击相对应的命令,选中纸样就滑动至再不能滑的位置。

2. 移除所选纸样(清除选中)

功能:将唛架上所有选中的纸样从唛架上清除,并将它们返回到纸样列表框。与删除纸样是不一样的。

操作:(1)用 工具选中唛架上的纸样;

(2)点击 图标,或单击【唛架】菜单→【移除所选纸样】,或按 Delete 键;

(3)选中纸样都返回纸样列表框。

3. 旋转角度四向取整

功能:用鼠标进行人工旋转纸样的角度控制开关命令。

操作:单击 图标或单击【选项】菜单→【旋转角度四向取整】,凹陷,则纸样被旋转到

0°,90°,180°,270°四个方向附近(左右6°范围),旋转角度将自动靠近四个方向之中最接近的角度,凸起则否。

4. 开关标尺

功能:开关唛架标尺。

操作:单击 图标标尺显示,再次单击 图标标尺隐藏。

5. 合并

功能:将两个幅宽一样的唛架合并成一个唛架。

操作:(1)打开一唛架文件;

(2)单击 图标或单击【文档】菜单→【合并】,弹出【合并唛架文档】对话框;

(3)在文档列表中选取要打开的".mkr"文档,这样打开的唛架将被添加到当前唛架后面。

6. 在线帮助

功能:使用帮助的快捷方式。

操作:选中 图标,再单击任意工具图标,就会弹出【富怡排料 CAD 系统在线帮助】对话框,在对话框里会告知此工具的功能和操作方法。

7. 缩小显示

功能:使主唛架上的纸样缩小显示恢复到前一显示比例。

操作:在主唛架上的纸样被放大的状态下,单击 图标,击一次就恢复一次显示比例,直至恢复完毕,该图标变灰。

8. 辅唛架缩小显示

功能:使辅唛架纸样缩小显示恢复到前一显示比例。

操作:在辅唛架上的纸样被放大的状态下,单击 图标,击一次就恢复一次显示比例,直至恢复完毕,该图标变灰。

9. 逆时针90度旋转

功能:【纸样】→【纸样资料】→【纸样属性】,排样限定选项点选的是【四向】或【任意】时,或虽选其他选项,当 旋转限定工具凸起时,可用该工具对唛架上的选中纸样进行90度旋转。

10. 180度旋转

功能:纸样布纹线是【双向】【四向】或【任意】时,可用该工具对唛架上的选中纸样进行180度旋转。

操作:选中要进行旋转的纸样,单击 图标唛架纸样180度旋转。

11. 边点旋转

功能:(1)当凸起时,使用边点旋转工具可使选中纸样以单击点为轴心进行任意角度旋转;

(2)当凹陷时,纸样布纹线为【双向】时,使用边点旋转工具可使选中纸样以单击点为轴心对所选唛架纸样进行 180 旋转,纸样布纹线为【四向】时进行 90 度旋转,【任意】时唛架纸样任意角度旋转。

操作:(1)单击边点旋转工具图标;

(2)单击纸样并按住拖动进行旋转;

(3)当旋转角度符合要求时释放鼠标键。

12. 中点旋转

功能:(1)当凸起时,使用中点旋转工具可使选中纸样以中点为轴心进行任意角度旋转。

(2)当凹陷时,纸样布纹线为【双向】时,使用中点旋转工具可使选中纸样以纸样中点为轴心对所选唛架纸样进行 180 旋转,纸样布纹线为【四向】时进行 90 度旋转,【任意】时唛架纸样任意角度旋转。

操作:(1)单击中点旋转工具图标;

(2)单击纸样并按住拖动进行旋转;

(3)当旋转角度符合要求时释放鼠标键

第四章 服装 CAD 制版 工作原理及流程

◆学习目标：

理解服装制版的常用方法；了解服装制版的工作流程，为后面章节的实务学习打下基础。

◆学习重点：

服装制版方法；样板类型。

◆学习难点：

不同服装制版工作的流程差异。

第一节 服装制版种类与方法

1. 服装样板类型

服装制版是服装生产流程中的第一步，它是关系到生产效率并决定服装产品质量的关键环节。服装制版的原理就是根据款式、规格、人体特征等参数，来实现平面化的服装样板的过程。根据样板使用的不同，样板可分为裁剪样板和工艺样板两种类型，如图 4 - 1 所示：

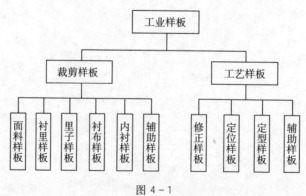

图 4 - 1

（1）裁剪样板：主要用于批量裁剪，可分为面、里、衬等样板。

① 面料样板：一般是加有缝份或折边等的毛板纸样。

② 衬里样板：主要是用于遮住有网眼的面料，衬里纸样与面料纸样一样大，通常面料与衬里一起缝合。

③ 里子样板：很少分割，里子缝份比面料纸样的缝份大 0.5～1.5cm，在有折边的部位（下摆和袖口）里子的长短比衣身纸少。

④ 衬布样板：衬布有有纺或无纺、可缝或可粘之分，有毛板和净板。

⑤ 内衬样板：介于大身与里子之间，比里子纸样稍大些。比如：各种絮填料。

⑥ 辅助样板：起到辅助裁剪作用，多数为毛板。

（2）工艺样板：有利于成衣工艺在裁剪、缝样、后整理中顺利进行而需要使用的辅助性样板的总称。有定型样板、定位样板、修正样板和辅助样板。

① 定型样板：只用在缝制加工过程中，保持款式某些部位的形状不变，应选择较硬而又耐磨的材料。如袋盖板、领、驳头、口袋形状及小祥部件等。

② 定位样板：主要用于缝样中或成型后，确定某部位、部件的正确位置用，如门襟眼位、扣位板、省道定位、口袋位置等（绣花装饰等）。即半成品中某些部件的定位。

③ 修正样板：主要用于校正裁片。如：西服经过高温加压粘衬后，会发生热缩等变形现象，这就需要用修正样板进行修正。即主要用于面料烫缩后确定大小、丝缕、对条格、标准大小和规正使用。

④ 辅助样板：与裁剪用纸样中的辅助纸样有很大的不同，只在缝制和整烫过程中起辅助作用。如在轻薄的面料上缝制暗褶后，为防止熨烫正面产生褶皱，在褶的下面衬上窄条，这个窄条就是起到辅助作用的纸样，还有裤口等。

2. 服装制版方法

服装制版方法主要分为平面法和立体法两大类。在立体造型较简单、款式固定、材料常见的服装制版中用平面法。它具有成本低、效率高、易操作等特点，但对复杂款式的服装不宜使用平面法。在立体造型复杂而不能直接确定其平面分解时，常使用立体法，直接在人台上成型服装，而后再进行分割形成样板。它具有直观性，但有效率低、稳定性差等缺点。

（1）平面法

服装的平面制版法是指在二维空间，运用一定参数，根据变化原理将服装分解为平面的基本部件或样板的过程。根据其原理的不同又细分为比例法、原型法、短寸法等。

① 比例分配法：比例分配法是目前我国服装制造业制版与裁剪时使用最多的一种方法，它是在 20 世纪 50 年代初期形成的。50 年代以前老百姓穿的都是中式服装，西装和军装制版和裁剪时使用的大都是加减法；50 年代以后老百姓脱下了长袍、短褂，大都换上了制服，为了推广和普及裁剪的技艺以及出版资料，老一辈的服装技术人员便凑在一起，研究服装裁剪时各部位的比例关系，当时参加的人大都是男装师傅，有的师傅当时使用

的是日本的胸度法,大家感到很适用,但是它是以人体的实际胸围为基数的,这和我国服装业使用的加减法以成衣胸围为基数的习惯又不相吻合,最后便参考了日本的胸度法,并以加减法的成衣实际胸围为基数而创造了我国的服装裁剪方法,大家都称它为"服装裁剪法"。1982 年,《现代服装》杂志上发表的《浅谈五种裁剪法》一文称它为"比例分配法",这个叫法以后便传流开来。六十多年来出版的服装裁剪、制版书籍、刊物以及教学时使用这种方法的占多数。开始时为了区分于胸度法,采用的是半胸围的 1/3,称它为三分法,后来出书的人多了,为了自己与别人不同,而出现了六分法、八分法、百分法和十分法等等,不论哪种方法都需在后面复加一个数值,所以有人称它为凑数法。由于十分法好计算,如 100cm 的 1/10 是 10cm,2/10 是 20cm,所以使用十分法的人逐渐多了起来。

② 短寸法:短寸法是日本裁缝裁制男子西装时常用的方法,它是日本裁缝在明治维新之后由欧洲学习回来的,所以他们把它称为"洋裁",而把本民族的和服称为"和裁"。胸度法和我国的比例分配法近似,但是它是以人体的实际胸围为基数来分配各部位的尺寸的(所以有人使用胸度法编了一本书,叫作《号型裁剪法》)。100 多年前欧洲有长寸法和短寸法之分,由于使用长寸法制版太复杂,所以逐渐被淘汰了。短寸法也称为实寸法或肩寸法,它是在人体的胸部以上部位测量多个部位,然后按照这些尺寸来制版的。胸度和短寸两种方法由 20 世纪 30 年代开始随着日本裁缝到我国开店、办厂,以及通过书籍等进行着传播,但是进展缓慢,在我国目前有些人还在使用它,但范围不广。

③ 原型法:原型法是日本裁缝和妇女裁制女装时使用最多的方法。这种方法是由欧洲取来的,但是有了很大的发展,流派也很多,一种是量体时在人体上用软布绷剪出一个原型,以这个原型来裁制各式服装;另一种是用胸度法或短寸法裁制一件原型,以这件原型来裁制各式服装,后者被人们称为学院派。学院派有文化式和登丽美式等,文化式使用的是胸度法,而登丽美使用的是实寸法。由于日本的文化服装学院来华讲学的教师较多,他们的教材在我国也出版了多部,所以我国使用的大都为文化式。原型法 20 世纪 30 年代由日本裁缝在东北向我国传播,80 年代之后我们每年都聘请日本教师来华讲课,但是传播的速度不快,主要是日本的原型是以人体的实际胸围为基数来分配各部位比例关系的,由于传统的行业技术习惯不同,所以传播较为缓慢。近年来随着院校毕业生与参加制版工作人员的增多,使用原型制版法的人逐渐地多了起来。

(2)立体法

立体法大都称它为立体裁剪,它是欧洲和美洲多数人裁剪女装时使用的方法之一,是将布料或纸复合在人台上,直接对服装进行分解,从而得到样板的方法。我国第一次请外教讲立体裁剪课是 20 世纪 80 年代初期由原中央工艺美院服装系请了一位日本女教师,从此以后全国各地的服装院校逐渐地也都请外教讲这一课程,大多为日本教师,也有少数欧、美教师。加之回国的留学生,经过了 30 多年的请进来、送出去、再培养,目前这一技艺在我国服装业中已很普及,各服装院校也都设立了这一课程。

第二节　服装制版工作流程

服装制版是服装生产中最核心的技术工作,有其严格的工作流程。根据生产类型不同,有下列三种方式:

1. 客户提供样品(Sample)及订单(Order)

① 分析订单

② 分析样品

③ 确定中间标准规格

④ 确定制版方案(采用平面构成法或立体构成法)

⑤ 绘制中间规格纸样

⑥ 封样品的裁剪、缝制和后整理

⑦ 依据封样意见共同分析

⑧ 推板

⑨ 检查全套纸样是否齐全

⑩ 制定工艺说明书和绘制一定比例的排料图

2. 只有订单和款式图或服装效果图与结构图但没有样品

① 详细分析订单

② 详细分析订单上的款式图或示意图(Sketch)

③ 确定中间标准规格

④ 确定制版方案(采用平面构成法或立体构成法)

⑤ 绘制中间规格纸样

⑥ 封样品的裁剪、缝制和后整理

⑦ 依据封样意见与客户沟通达成共识

⑧ 推板

⑨ 检查全套纸样是否齐全

⑩ 制定工艺说明书和绘制一定比例的排料图

3. 仅有样品而无其他任何资料

① 详细分析样品结构

② 面料分析

③ 辅料分析

④ 其余各步骤基本与第一种情况的流程③(含③)以下一致,进行裁剪、仿制(俗称"驳样")。

第五章　服装 CAD 制版实务

◆学习目标：

掌握服装 CAD 在成衣制版中的应用技巧；掌握服装制版流程在成衣项目中的应用方法。

◆学习重点：

服装 CAD 的实际应用。

◆学习难点：

不同成衣项目的流程差异化应用。

第一节　裤装 CAD 制版实务

一、男西裤

1. 款式分析(图 5-1)

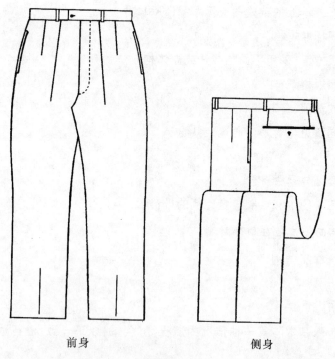

前身　　　　　　　　　　　　侧身

图 5-1

2.号型设置

单击【号型】菜单→【号型编辑】，在设置号型规格表中输入尺寸。(表5-1)

表5-1　号型规格表

号型	160/70A	165/74A	170/78A	175/82A	180/86A	档差值
裤长	97	99.5	102	104.5	107	2.5
腰围	72	76	80	84	88	4
臀围	101	105	109	113	117	4
立裆	28.4	29.2	30	30.8	31.6	0.8
脚口	22.4	23.2	24	24.8	25.6	0.8
腰宽	3	3	3	3	3	0

3.结构设计

(1)做外框(图5-2)

矩形:宽＝裤长－腰头;高＝臀围/2＋30。

(2)做横裆线

做距离上裆＝H/4(图5-3);或＝立裆－腰头平行线。(图5-4)

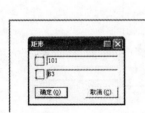

图5-2

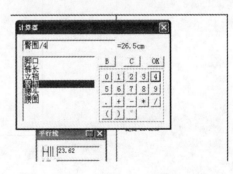

图5-3

图5-4

(3)做前直裆线

距下侧直线为前臀围大＝H/4－1。(图5-5)

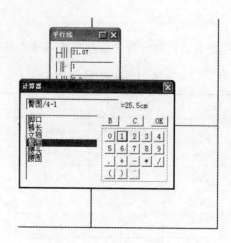

图 5 - 5

（4）做臀围线

距右侧线为 2/3 上裆，使用工具为 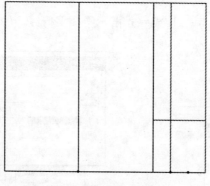 和 ⁄。

（5）做中裆线

下平线与臀围 1/2 处。（图 5 - 6）

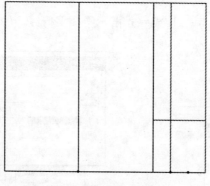

图 5 - 6

（6）用 ✂ 剪断线剪断前直裆线，然后 ⁄ 橡皮擦擦除

（7）做前窿门

智能笔做距离前直裆线 H/25 的线。

（8）做前横裆大下侧向上收进 1（图 5 - 7）

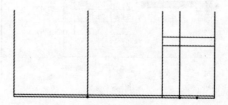

图 5 - 7

(9)做前挺缝线

(10)等分前横裆大,做前片中缝线

(11)做前中裆大

使用线上反向等距 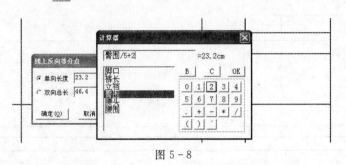 工具(按 Shift 键),输入双向总长为＝臀围/5＋2。(图 5－8)

图 5－8

(12)做前裤口

双向总长为脚口－2。(图 5－9)

图 5－9

(13)前裆角平分线:"角平分线"、3cm

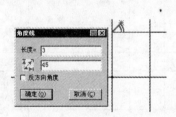 角度线工具。操作步骤:选择参考线,选择参考点,对话框输入长度和角度。(图 5－10、图 5－11)

图 5－10

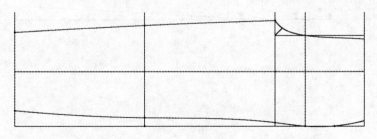

图 5－11

(14)后片与腰头结构(图5-12)

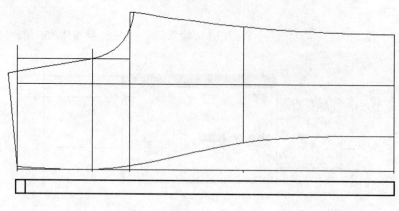

图5-12

4. 样板放码

(1)标准样板制作:单击剪刀工具 ✂,沿各结构轮廓剪成纸样;单击显示纸样按钮 ▣,单击V型省工具 ▶在腰围处加省道;单击做缝份工具 ▭给纸样加入缝份;操作结果如图5-13所示。

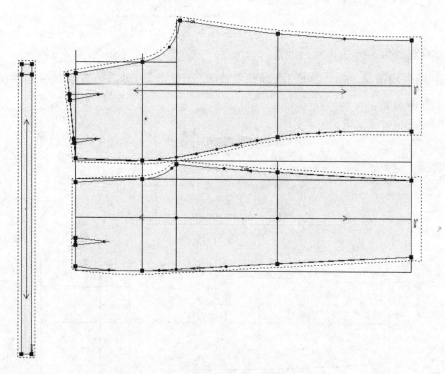

图5-13

(2)样板放码(图 5-14)

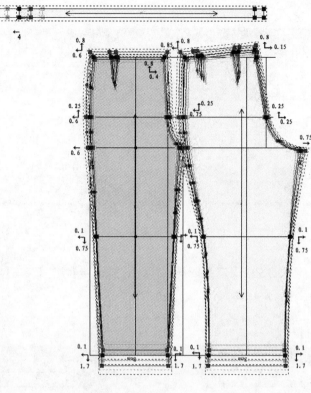

图 5-14

5. 排料

(1)打开 RP-GMS 系统,单击 ◰ 按钮,出现【唛架设置】对话框。(图 5-15)

图 5-15

(2)填写相应数值,单击【确定】按钮,弹出【选择款式】对话框。(图 5 - 16)

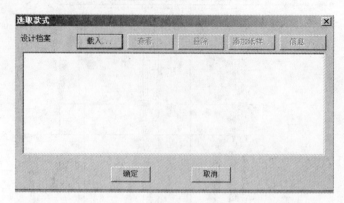

图 5 - 16

(3)选择在 RP－DGS 中保存的纸样文件,单击【确定】按钮,弹出【纸样制单】对话框,填写相关参数,单击【确定】按钮即可。(图 5 - 17)

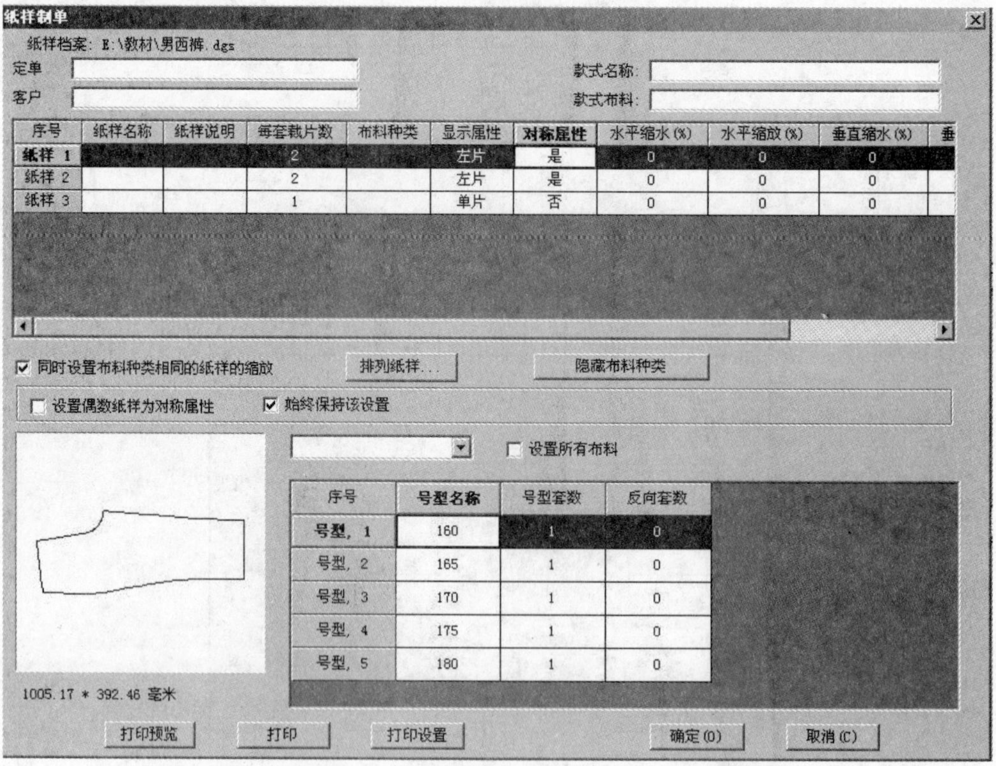

序号	纸样名称	纸样说明	每套裁片数	布料种类	显示属性	对称属性	水平缩水(%)	水平缩放(%)	垂直缩水(%)	垂
纸样 1			2		左片	是	0	0	0	
纸样 2			2		左片	是	0	0	0	
纸样 3			1		单片	否	0	0	0	

纸样档案: E:\教材\男西裤.dgs
定单　　　　　　　　　　　　　　　款式名称
客户　　　　　　　　　　　　　　　款式布料

☑ 同时设置布料种类相同的纸样的缩放　　排列纸样...　　隐藏布料种类
☐ 设置偶数纸样为对称属性　☑ 始终保持该设置

☐ 设置所有布料

序号	号型名称	号型套数	反向套数
号型 1	160	1	0
号型 2	165	1	0
号型 3	170	1	0
号型 4	175	1	0
号型 5	180	1	0

1005.17 * 392.46 毫米

打印预览　　打印　　打印设置　　　　确定(0)　　取消(C)

图 5 - 17

（4）选择【排料】→【开始自动排料】菜单，就会自动排好料。（图 5 - 18）

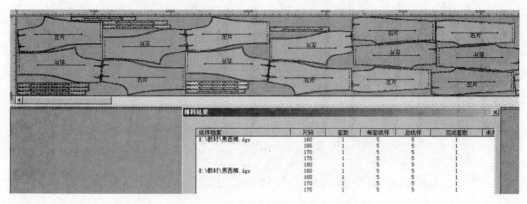

图 5 - 18

二、牛仔裤

1. 款式分析（图 5 - 19）

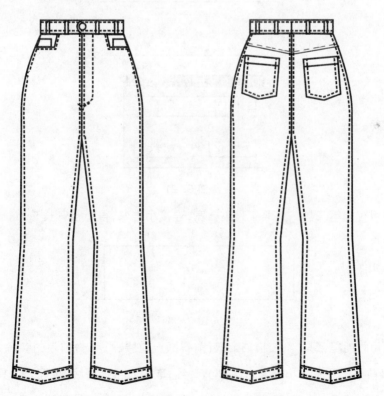

图 5 - 19

2. 规格设置(图 5-20)

号型名	☑S	◉M	☑L	☑XL	☑
腰围	80.06	82.6	85.14	87.68	
臀围	111.46	114	116.54	119.08	
横裆	71.23	72.5	73.77	75.04	
前浪	33.38	33.7	34.02	34.34	
后浪	43.58	43.9	44.22	44.54	
中裆	60.86	61.5	62.14	62.78	
裤口	47.36	48	48.64	49.28	
内长	80.2	80.2	80.2	80.2	

图 5-20

3. 结构设计

(1)单击矩形工具 □ ,弹出【矩形】对话框,分别填入宽 H/4-1,高 7.6,单击【确定】按钮即可。(图 5-21)

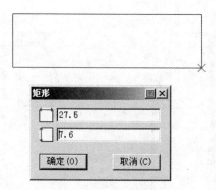

| | 27.5 |
| | 7.6 |

确定(O)　　取消(C)

图 5-21

(2)使用智能笔工具 ✏ ,取 4 为小裆宽,连接小裆弯,得小裆弯长 9cm。(图 5-22)

图 5-22

(3)使用智能笔工具 ✏ 在横裆上取(前臀围-前腰围)/3 做前浪的参考线;使用圆规工具 ⚖ 取(前浪-腰宽-小裆弯),画出 WL 线;取内长得裤脚线;用等分工具 ⚙ 画出裤中线和中裆线;使用对称工具 ⚖ 得外长的中裆和裤脚点;使用智能笔工具 ✏ 在横裆上取(前臀围-前腰围)2/3 做外长的参考线。(图 5-23)

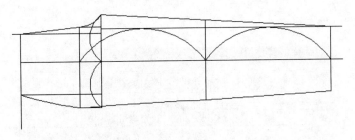

图 5 - 23

(4)使用智能笔工具 ![笔] 在横裆线上取臀围/4＋1得后中辅助线;取后横裆(横裆－前横裆)得裆点,画出大裆弯,并使用测量工具 ![测量] 记录大裆弯值;使用智能笔工具 ![笔] 画出后中线(后浪－腰宽－大裆弯);使用圆规工具 ![圆规] 在腰线上取长度(腰围/4)得后腰线;在中裆线上取后中裆(中裆－前中裆);在裤脚线取后裤脚宽(裤口/4－1);画顺内长和外长。(图 5 - 24)

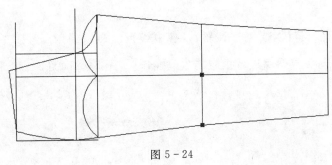

图 5 - 24

4:制作中间样板

使用剪刀工具 ![剪刀] 将结构剪成纸样;使用做缝份工具 ![缝份] 将净样做成毛样。(图 5 - 25、图 5 - 26)

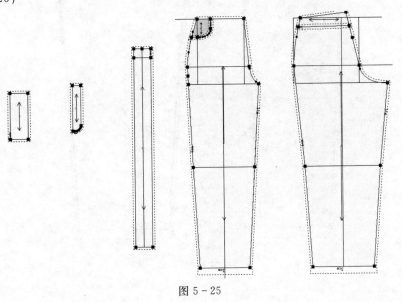

图 5 - 25

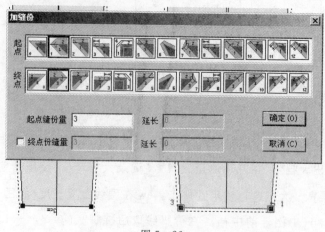

图 5 - 26

5. 样板放码

前后裤片放码一样(以横裆为 X 轴,以裤中线为 Y 轴),使用点放码工具![icon]和选择纸样控制点工具![icon]对各放码点进行相应的放码操作。(图 5 - 27、图 5 - 28、图 5 - 29)

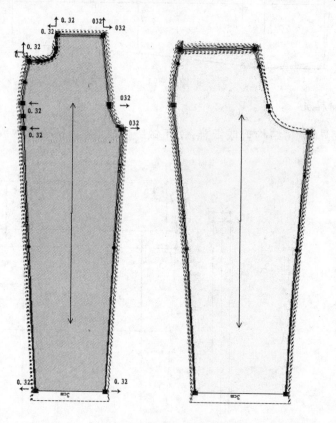

图 5 - 27

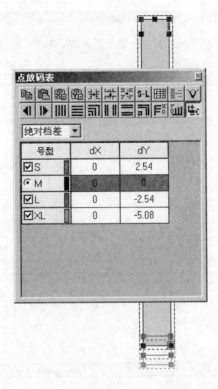

图 5 - 28

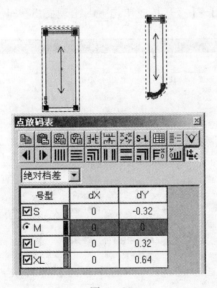

图 5 - 29

6. 排料

(1)双击桌面"排料"图标 ![icon] 进入富怡排料系统。(图 5 - 30)

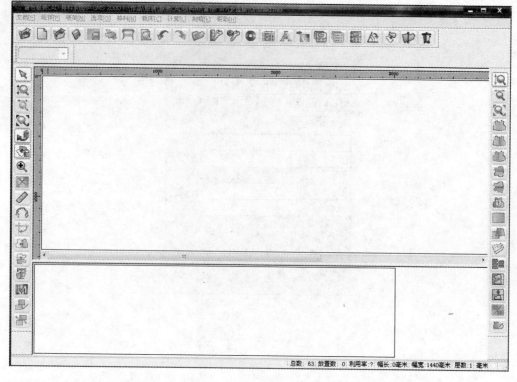

图 5 - 30

(2)单击菜单栏【文档】→【打开】,或单击 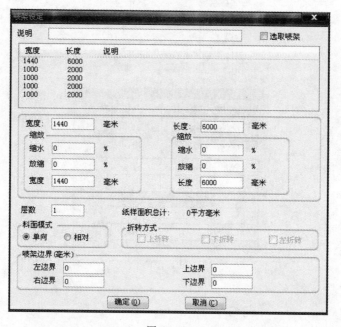,出现图 5 - 31 所示的对话框。

图 5 - 31

(3)设置好布料的门幅、布长、层数等数值,单击【确定】,出现图 5 - 32 所示的对话框。

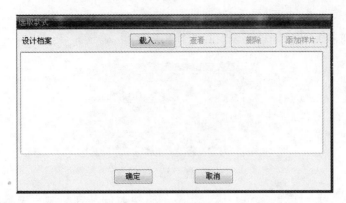

图 5 - 32

(4)单击【载入】按钮,出现图5-33所示的对话框。

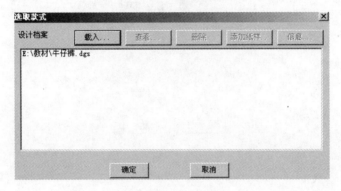

图 5 - 33

(5)点击【确定】按钮,弹出【纸样制单】对话框。(图5-34)

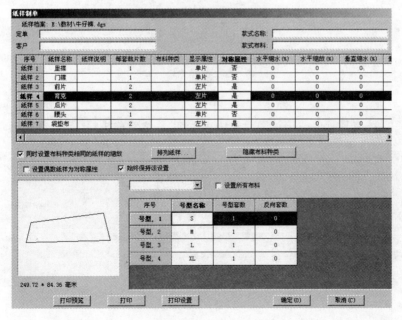

图 5 - 34

(6)填写相应数值,点击【确定】按钮即可。

(7)选择【排料】→【自动排料设定】,选择相应类型,确定即可。(图5-35)

图 5 - 35

(8)选择【排料】→【限时排料】,确定相应的排料时间和面料利用率等参数和排料累积模式,确定即可自动排料。(图5-36、图5-37)

图 5 - 36

图 5 - 37

(9)点击【结束】即可;或等设限时间结束也可,最终完成排料。(图5-38)

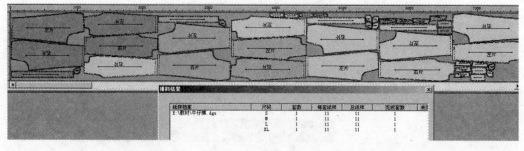

图 5 - 38

第二节　裙装CAD制版实务

一、西装裙

1. 款式分析(图5-39)

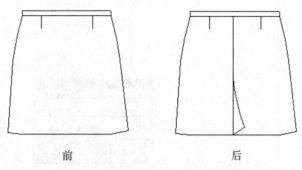

前　　　　　　　　　　后

图5-39

2. 规格设置

单击【号型】菜单→【号型编辑】,在设置号型规格表中输入尺寸。(表5-2、图5-40)

表5-2　号型规格表

部位	150/58A	155/62A	160/66A	165/70A	170/74A	档差
腰围	60	64	68	72	76	4
臀围	86	90	94	98	102	4
腰长	17	17.5	18	18.5	19	0.5
裙长	58	60.5	63	65.5	68	2.5
腰宽	3	3	3	3	3	0
衩高	20	20	20	20	20	0

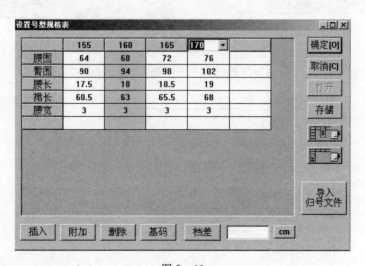

图5-40

3. 西装裙结构设计

(1)选择 ✎ 智能笔工具在空白处拖定出宽为臀围/4、长为(裙长－腰宽)的矩形。(图5-41)

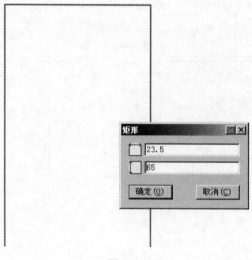

图 5-41

操作:左键单击图5-42所示的左图中的标记处,出现【计算器】对话框,在其中设定长和宽。

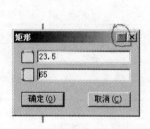
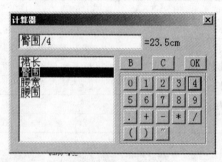

图 5-42

(2)用 ✎ 智能笔工具画出臀围线,距上平线为18cm。(图5-43)

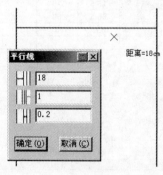

图 5-43

注：操作平行线，智能笔点按非中点位置向下拖拽；到任意位置点单击，弹出【平行线】对话框。继续用  智能笔工具画线，距上平线为1cm。

(3)选择 Ａ 圆规工具，单击矩形右上角点，单击上侧直线左端，弹出【单圆规】对话框，单击计算器，输入长度为腰围/4+2.5，确定。(图5-44)

图 5-44

(4)用 智能笔工具，做后侧弧线，下侧移动量为1cm；右键确认；用 调整工具调整。
(图5-45)

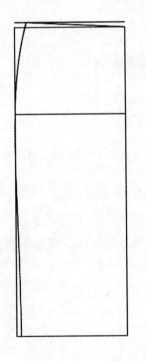

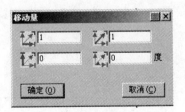

图 5-45

(5)用 智能笔工具做省，长度为11cm。

操作：按住 Shift 键，左键拖拉选中(图5-46中所示的1、2)两点，进入 三角板，单击(图5-46中所示的1)一点；拉出垂线，向下方单击，弹出【长度】对话框，输入11确定。

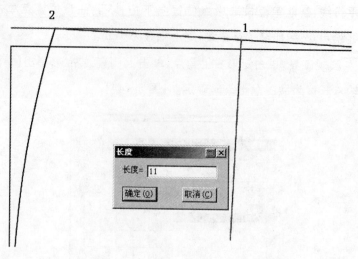

图 5－46

（6）用收省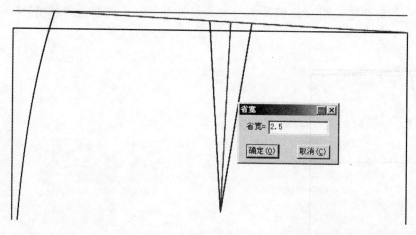工具做省。

图 5－47

操作:选择图 5－47 中所示的上侧红线,作为选择截取省宽的线;选择省宽,此时输入省的宽度为 2.5;确定;在对话框位置单击,出现图 5－48 所示的情况。调整圆顺,右键确认。

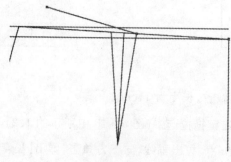

图 5－48

(7)用 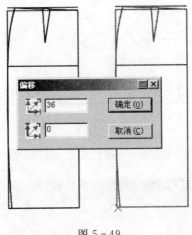 移动工具复制后幅来制作前幅。

操作:光标划框选择全部,变成红色;右键确认,选择移动第一点;向右移动,按回车,弹出【偏移】对话框。(图 5 - 49)

图 5 - 49

(8)用智能笔工具作前中省宽为 4cm;右键拖拉进入水平垂直线的绘制。

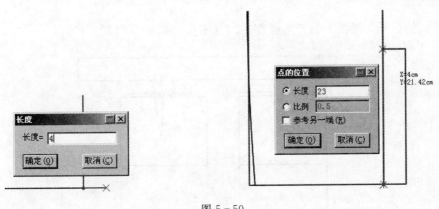

图 5 - 50

操作:右键拖拉进入水平垂直线。光标指向右下角点,按右键,拖拉并指向图 5 - 50 所示右图中的红点处,向上拖拉(如水平垂直线方向不对,可单击右键改变);在线上任意位置单击,弹出【点的位置】对话框。

(9)继续使用智能笔工具,左键框选图 5 - 51 中所示的红色的两条线,在符号处单击右键,进行剪断。

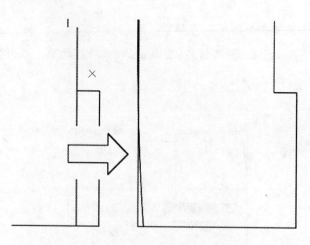

图 5 - 51

(10)使用智能笔工具,在上侧做腰头(按住空格键,转动鼠标滚轮,可放大、缩小窗口)。

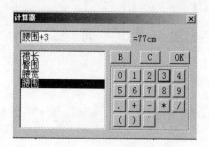

图 5 - 52

操作:矩形长为腰围＋3;宽为腰宽×2。(图 5 - 52、图 5 - 53)

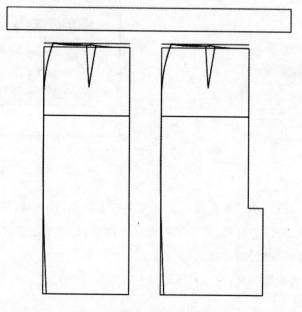

图 5 - 53

(11)使用剪刀工具 ✂ (用于从结构线或辅助线上拾取纸样)。

操作方法(两种):

① 单击或框选围成纸样的线,最后单击右键确认,系统按最大区域形成纸样。

② 按住 Shift 键,单击形成纸样的区域,则有颜色填充,可连续单击多个区域,最后击右键确认。

右键确认后,剪刀工具即变成衣片辅助线工具 ⁺𝄐 (从结构线上为纸样拾取内部线)。

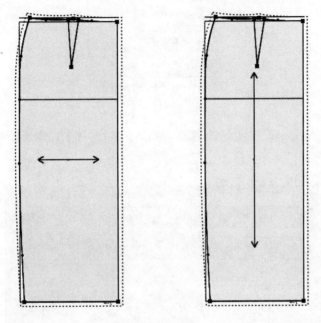

图 5 - 54

(12)使用布纹线工具 🖮 ,在布纹线处单击右键,改变布纹线方向。(图 5 - 54)

(13)单击图 5 - 55 中所示的 1 区域,双击左键,弹出【纸样资料】对话框,如图填写;应用。

选择 2 区域,填写前片,布料名为面布、份数为 2 份;应用。

选择 3 区域,填写后片,布料名为面布、份数为 2 份;应用;关闭。

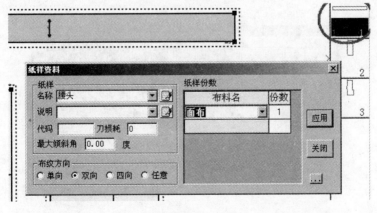

图 5 - 55

(14)单击显示纸样图标 ，以显示纸样。

(15)选择加缝份工具 ，单击腰头左下角点，弹出【衣片缝份】对话框。(图 5 - 56)

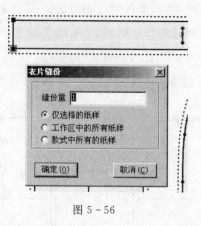

图 5 - 56

选择后片如图 5 - 57 中所示的两点，单击右键，弹出【加缝份】对话框，起点缝份量 2.5。

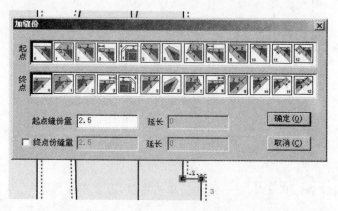

图 5 - 57

选择图 5 - 58 所示中的下侧 4 点，单击右键，弹出【加缝份】对话框，起点缝份量填写为 4，并选择第二列；确定。

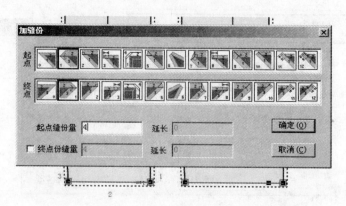

图 5 - 58

(16)选择纸样对称工具 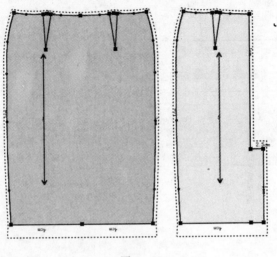，按住 Shift 键，单击图 5－59 所示的前片前侧线，对称操作；使用右键单击，弹出快捷菜单 ，选择移动 ；从图 5－59 所示的后片中移出。

图 5－59

双击区域 2，弹出【纸样资料】对话框，将份数改变为 2 份。

(17)存盘，结束。

4. 西装裙的放码

(1)使用 点放码表和 选择与修改工具，点选各放码点，在点放码表中填入相应数值，再点选 按钮，操作如图 5－60 至图 5－63 所示。

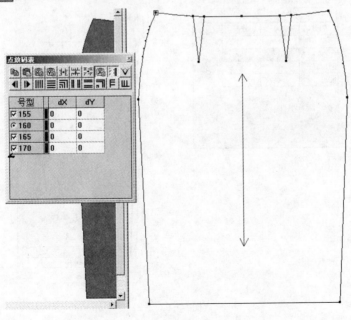

图 5－60

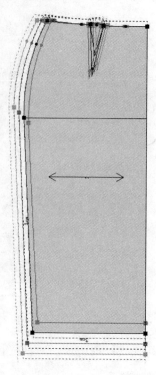

图 5 - 61

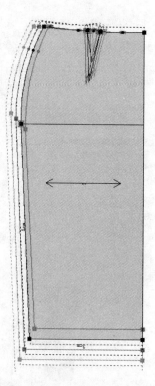

图 5 - 62

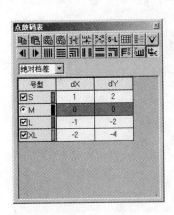

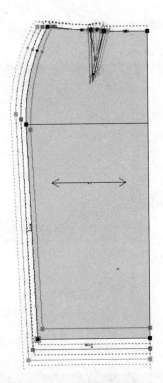

图 5 - 63

(2)其他样板放码与之相似,故不再赘述。

5. 西装裙的排料

(1)打开 RP-GMS 系统,单击 按钮,出现【唛架设置】对话框。(图 5 - 64)

图 5 - 64

(2)填写相应数值,单击【确定】按钮,弹出【选择款式】对话框。(图5-65)

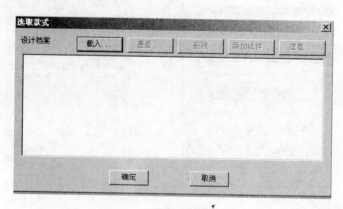

图 5-65

(3)选择在 RP－DGS 中保存的纸样文件,单击【确定】按钮,弹出【纸样制单】对话框,填写相应信息,单击【确定】即可。(图5-66)

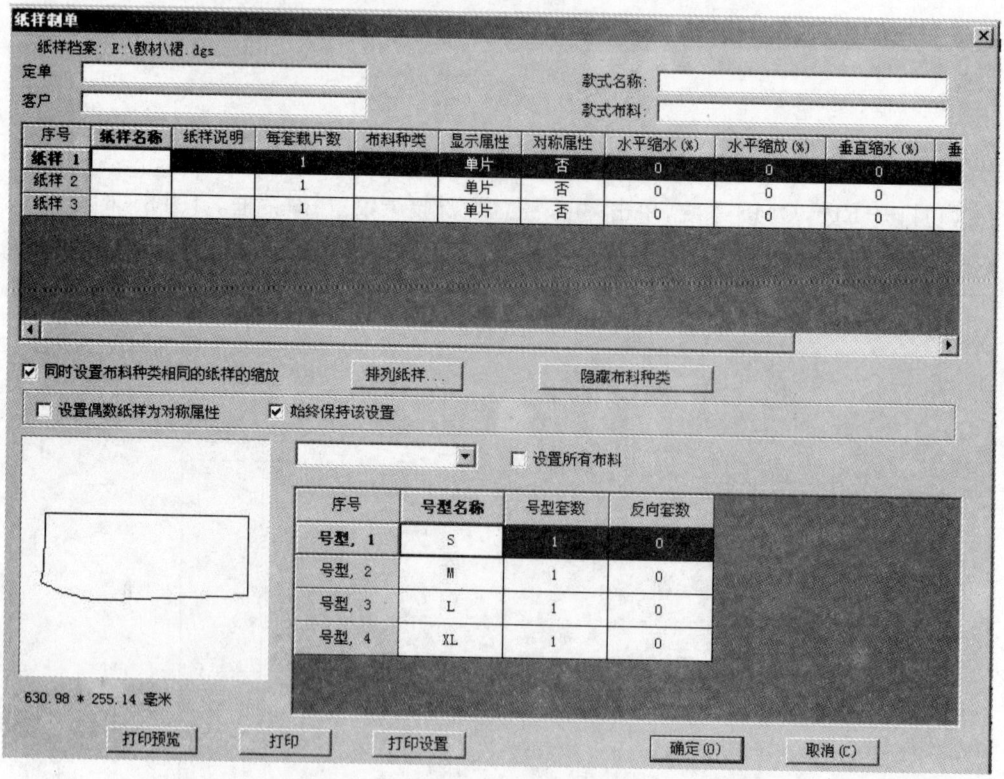

图 5-66

(4)选择【排料】→【开始自动排料】菜单,就会自动排好料。(图5-67)

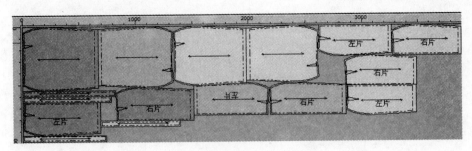

图 5 - 67

二、A字褶裙

1. 款式分析(图 5 - 68)

图 5 - 68

2. 规格设置(图 5 - 69)

号型名	☑XS	☑S	◉M	☑L	☑XL
腰围	62	66	70	74	78
臀围	88	92	96	100	104
裙长	53	55.5	58	60.5	63
腰宽	3	3	3	3	3

图 5 - 69

3. 结构设计

(1)调用裙装原型,在原型上画出分割线,使用省移工具 和对接工具 ,完成省道的合拼。(图 5 - 70、图 5 - 71、图 5 - 72)

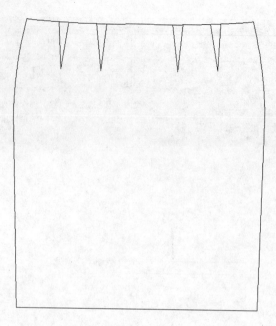

图 5 - 70

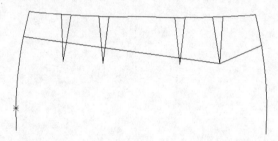

图 5 - 71

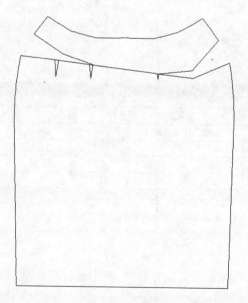

图 5 - 72

（2）使用褶展开工具 ，对裙片进行施褶处理（含剩余的省量）。（图5－73、图5－74）

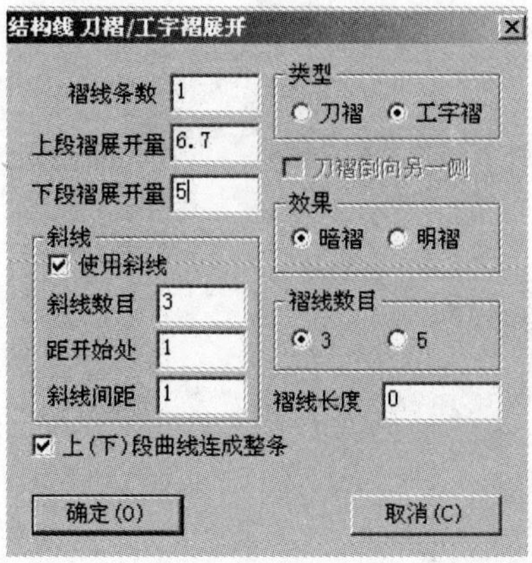

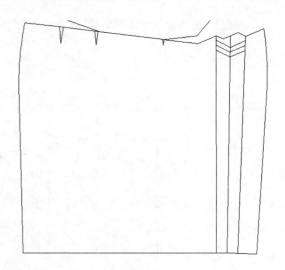

图5－73

图5－74

（3）在原型上画出分割线，使用对接工具 ，将上片省道合拼；使用比较长度工具（按下 Shift 键，变成测量工具），将剩余省量测量，并在裙侧缝处收取（约1.5）。（图5－75）

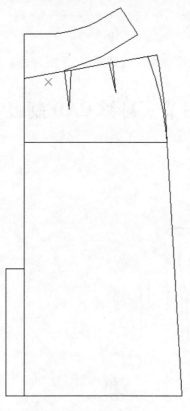

图5－75

4. 样板及放码

(1)做缝:使用做缝份工具 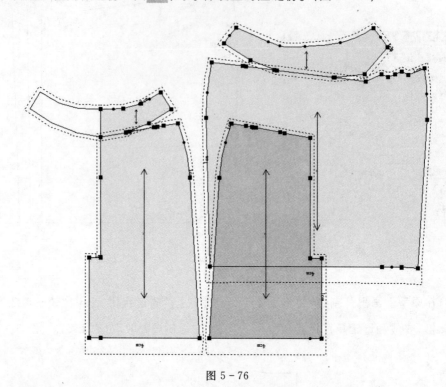,对净样设置对应缝份。(图 5 - 76)

图 5 - 76

(2)放码:与前文所述的西装裙的放码相似,不再赘述。

第三节　衬衫CAD制版实务

一、男式衬衫

1. 款式分析(图 5 - 77)

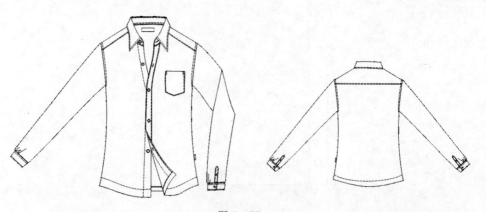

图 5 - 77

2. 规格设置

单击【号型】菜单→【号型编辑】,在设置号型规格表中输入相应尺寸即可。

3. 结构设计

(1)用矩形/(S快捷键)工具完成后衣长线、后胸围,选择不相交等距线/Q工具经上平线定袖窿深 $0.2B+6+3$,作上平线的平行线,确定腰节长为 $(0.25h+2)+3$ 。(图5-78)

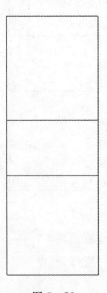

图 5-78

(2)用矩形/(S快捷键)工具(横开领 $N/5-0.3$,直开领约为横开领的 $1/3$)完成后领窝基础线,用智能笔/(F快捷键)工具绘制后领窝线并调整,用智能笔/(F快捷键)工具按回车键 Enter 确定偏移量前肩斜线为 $15:5$,按回车键 Enter 确定,后肩宽为 $S/2$ 。(图5-79)

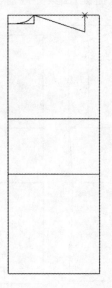

图 5-79

（3）用智能笔剪断肩袖点以外的部分，用智能笔/（F 快捷键）工具确定后背宽为 B/6 ＋3＝22（冲肩量 1～1.5cm），绘制袖窿弧线、侧缝线并用调整工具调整造型。（图 5－80）

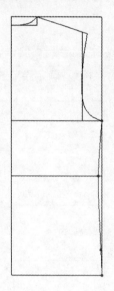

图 5－80

（4）用智能笔并按回车键 Enter，后领窝中点偏移量（0，－8），确定后育克线，后浮余量为 0.7。（图 5－81）

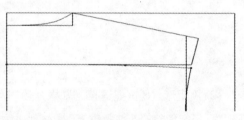

图 5－81

（5）选择成组粘贴工具/（G 快捷键）将后片基础线成组粘贴、移动到前片位置并选择调整工具与按 Ctrl 键，调整出前片下放量 1cm，将腰节降 3cm。用矩形/（S 快捷键）工具完成前领窝基础线的绘制。（图 5－82）

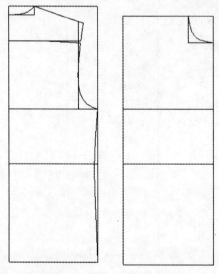

图 5－82

（6）用智能笔/（F 快捷键）工具按回车键 Enter 确定偏移量前肩斜线为 15∶6，用延长曲线端点（Shift＋Z）工具画出前肩线长为后肩线长，用智能笔/（F 快捷键）工具确定前胸宽为 B/6＋2＝20.5，用智能笔/（F 快捷键）工具绘制袖窿弧线并用调整工具调整造型。（图 5－83）

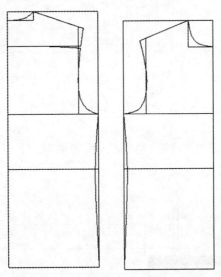

图 5－83

（7）用智能笔/（F 快捷键）工具确定前衣片下放量 0.7cm，并用延长曲线端点（Shift＋Z）工具画出叠门 1.7cm，选择水平垂直线工具绘制服装叠门。（图 5－84）

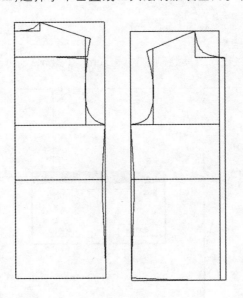

图 5－84

（8）绘制胸袋，用等分规工具（D）在胸围线上找前胸宽的中点，用智能笔/（F 快捷键）工具按回车键 Enter 偏移量（－1,3）定袋口中心点，并绘出袋口宽 12cm，深 14cm。（图 5－85）

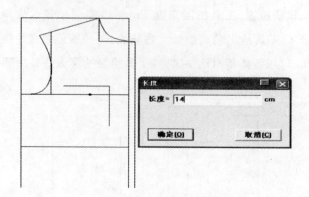

图 5 – 85

(9)选择水平垂直线工具绘制完整口袋,用智能笔/(F 快捷键)工具为口底造型。(图 5 – 86)

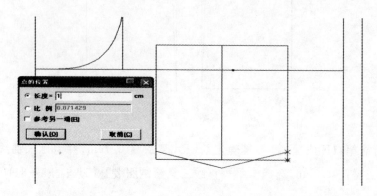

图 5 – 86

(10)选择相交等距线/B 工具绘制前过肩 3cm。(图 5 – 87)

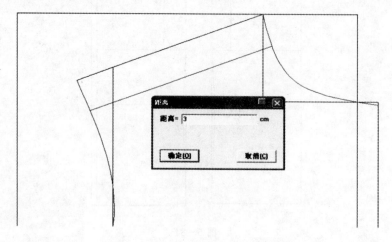

图 5 – 87

(11)选择旋转粘贴工具将前片复司转移至后片。(图 5 – 88)

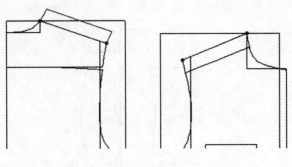

图 5 - 88

(12)选择相交等距线/B 工具绘制翻门襟,完成大身的绘制。(图 5 - 89)

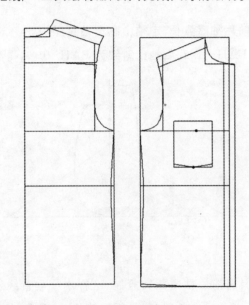

图 5 - 89

(13)选择成组粘贴工具/(G 快捷键)将前后袖窿复制。(图 5 - 90)

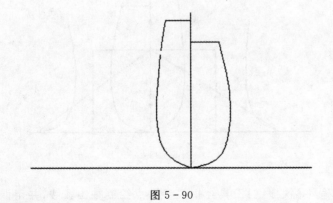

图 5 - 90

(14)用智能笔/(F 快捷键)工具、等分规工具(D)将袖窿深分为五等分。(图 5 - 91)

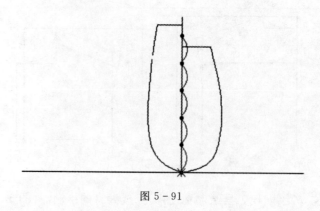

图 5-91

(15)用皮尺工具量前后袖窿弧长,定袖山高为袖窿深约 50%～60%,用圆规/C 工具分紧作出前袖山斜线为 FAH－1.2,后袖山斜线为 BAH－0.9,得出袖肥。(图 5-92)

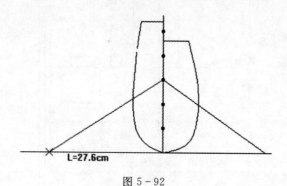

L=27.6cm

图 5-92

(16)用翻转粘贴工具将前后袖窿翻转复制,选择水平垂直线工具绘制袖山基础线、等分规工具(D)定出前后袖山分为 5 等分,袖肥二等分。(图 5-93)

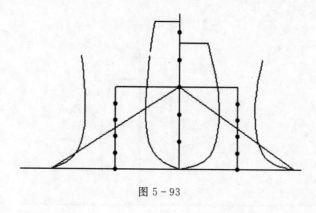

图 5-93

(17)用智能笔/(F 快捷键)工具经相关参数点绘制袖山弧线,并用调整工具调整造型。(图 5-94)

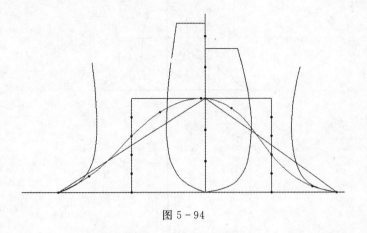

图 5-94

(18)选择总长度工具/i 量出袖山长度,与袖窿弧长比较,选择对角线拉伸工具调整至与袖窿弧长对应,相合适,将袖肥底线用连接工具连接,自袖中线向下用智能笔/(F 快捷键)工具引出袖长为 SL,用矩形/(S 快捷键)工具完成袖口基础线。(图 5-95)

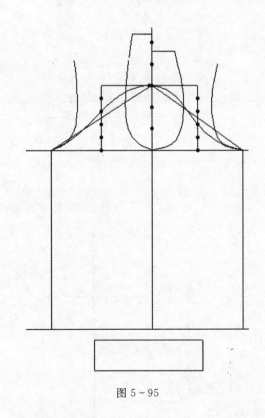

图 5-95

(19)选择圆角工具绘制袖口造型,用皮尺工具量袖克夫与袖口的长短,去除褶裥量、叠门,遵从前少后多去除余量。(图 5-96)

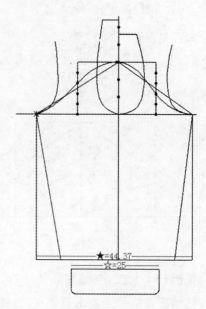

图 5 - 96

(20)用智能笔/(F 快捷键)工具绘制褶裥和衩位。(图 5 - 97)

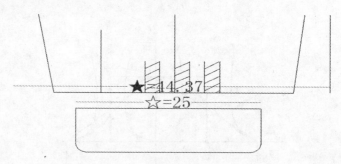

图 5 - 97

(21)用矩形/(S 快捷键)工具、智能笔/(F 快捷键)工具完成袖衩。(图 5 - 98)

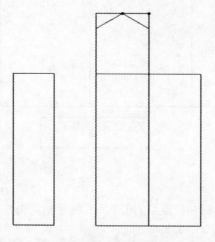

图 5 - 98

(22)设领座高为 3,翻领高为 4.5,领长 N＝40.5,用总长度工具量取前后领窝总长,绘制衣领基础线。(图 5-99)

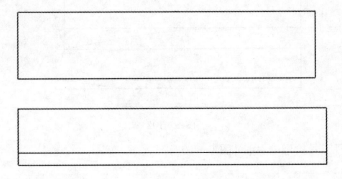

图 5-99

(23)等分规工具(D)定出下领分为 3 等分,上领分为 2 等分,智能笔/(F 快捷键)工具绘制领底弧线。(图 5-100)

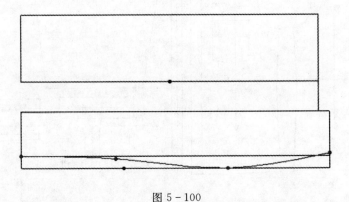

图 5-100

(24)用延长曲线端点(Shift＋Z)工具画出叠门 1.7,智能笔/(F 快捷键)工具绘制领口弧线。(图 5-101)

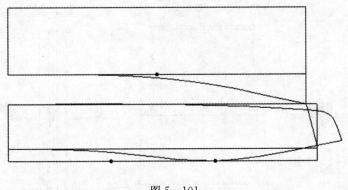

图 5-101

(25)智能笔/(F 快捷键)工具绘制领角,领外口弧线。(图 5-102)

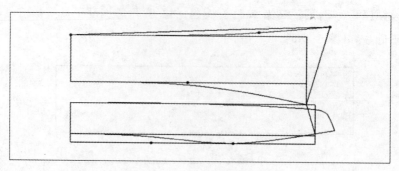

图 5 - 102

(26)用剪刀工具拾取衣片。(图 5 - 103)

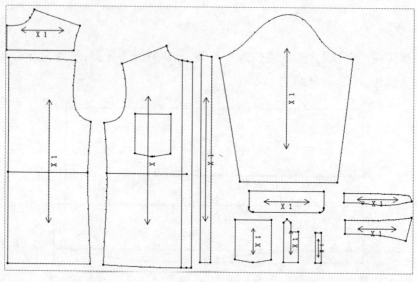

图 5 - 103

(27)放缝、作纸型技术规定。(图 5 - 104)

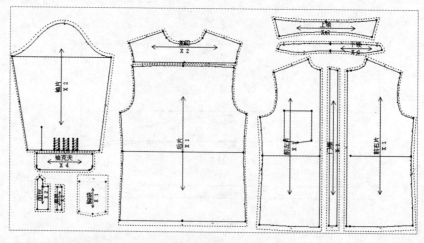

图 5 - 104

4.排料

(1)双击桌面"排料"图标 进入富怡排料系统。(图5-105)

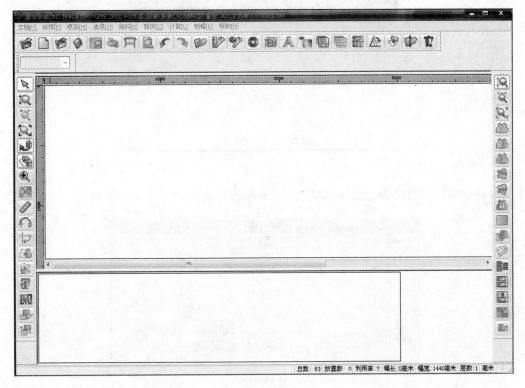

图5-105

(2)单击菜单栏【文档】→【打开】,或单击 ,出现如图5-106所示的对话框。

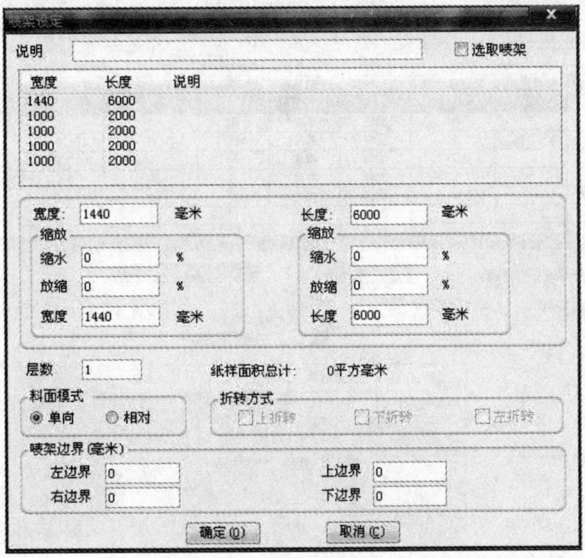

图5-106

（3）设置好布料的门幅、布长、层数等数值，单击【确定】，出现如图 5-107 所示的对话框。

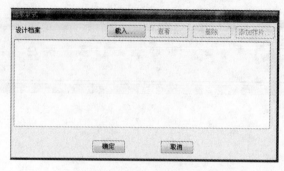

图 5-107

（4）单击【载入】按钮，出现如图 5-108 所示的对话框。

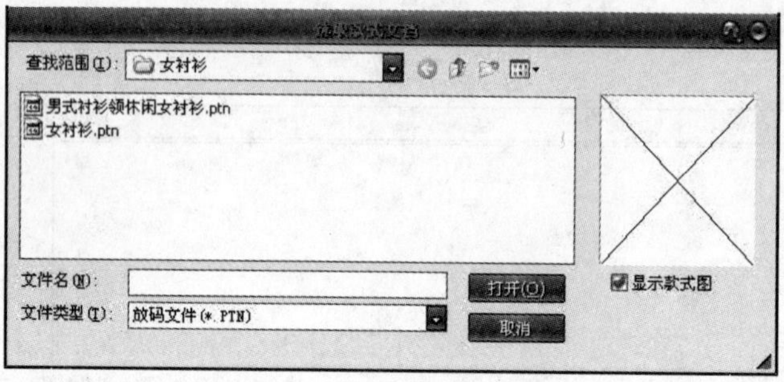

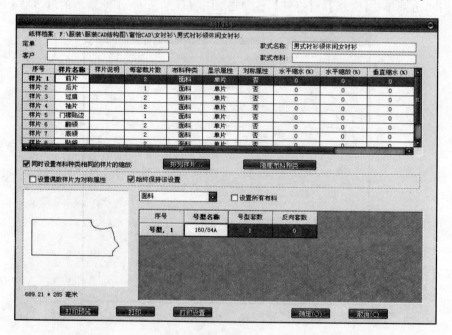

图 5-108

（5）选择相应的纸样文件，单击【打开】按钮，进入图 5-109 所示的对话框。

图 5-109

(6)设置好各项参数后,单击【确定】,出现如图 5－110 所示的对话框。

图 5－110

(7)单击【确定】进入排料界面。(图 5－111)

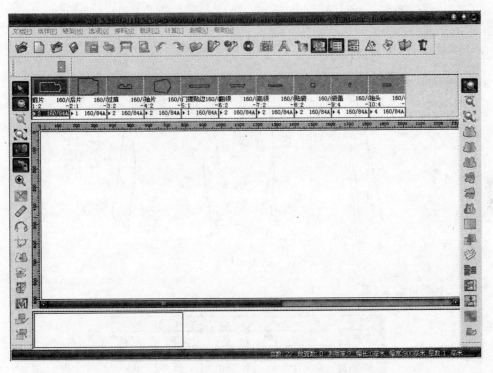

图 5－111

(8)按排料规则排料,完成排料图。(图 5－112)

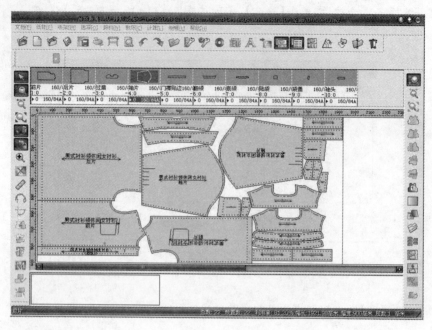

图 5 - 112

二、女式衬衫

1. 款式分析（图 5 - 113）

图 5 - 113

2. 成衣规格设置（图 5 - 114）

	S	M	L	XL	XXL
身高	155	160	165	170	175
腰围	72	76	80	84	88
胸围	87	91	95	99	103
总肩宽	37.6	39.2	39.6	40.6	41.6
领围	33.2	34.2	35.2	36.2	27.2
衣长	64	66	68	70	72
袖长	51.5	53	54.5	56	57.5

图 5 - 114

3. 结构设计

(1)衣身结构设计(图 5 - 115)

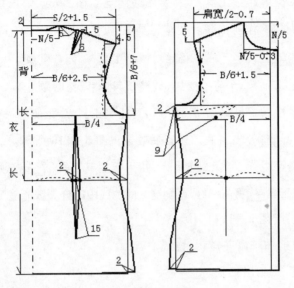

图 5 - 115

① 衣长及后胸围:矩形工具 [▥] 定出衣长、后胸围(胸围/4)。

② 后领宽、后领深:继续用矩形工具 [▥] 定后领宽(领围/5－0.5)、后领深 2.5cm。智能笔工具 [✎] 作出后领弧线,调整工具 [➤] 调整。

③ 后肩线:智能笔工具 [✎] 定后肩宽(肩宽/2)、落肩 4.5cm,并与后侧颈点连接定出后肩。

④ 胸围线、腰围线:不相交等距线工具 [≈] 分别取(胸围/6＋7~8)、背长尺寸,定胸围线、腰围线。

⑤ 后背宽:智能笔工具 [✎] 取(胸围/6＋2.5)的长度定背宽。

⑥ 后袖窿:等份规工具 [⬭] 将后背宽线三等分,智能笔工具 [✎] 作后袖窿,调整工具 [➤] 调整。

⑦ 后侧缝:智能笔工具 [✎] 制作后侧缝,调整工具 [✎] 调整。下摆:智能笔工具 [✎] 制作下摆,调整工具 [➤] 调整。

⑧ 腰省:等份规工具 [⬭] 将后中及后侧缝之间的线段等分,智能笔工具 [✎] 画线定腰省长。线上两等距点工具 [⬭] 找出两等距点。智能笔工具 [✎] 连接其他部分。(可拾取裁片以后用菱形省工具 [◈] 作腰省)

⑨ 衣长及前胸围:成组粘贴工具 [▦] 复制辅助线及胸围线、腰围线。

⑩ 前领宽、前领深:矩形工具 [▥] 定前领宽(领围/5－0.3)、前领深(领围/5)。智能笔工具 [✎] 作前领弧线,调整工具 [➤] 调整。

⑪ 前肩线:智能笔✍定前肩宽(肩宽/2－0.7)、落肩5cm,并与前侧颈点连接定出前肩。

⑫ 前胸宽:智能笔工具✍取(胸围/6＋1.5)的长度定出前胸宽。

⑬ 前袖窿:不相交等距线工具≋将胸围线向上平移2cm。等份规工具▱将前胸宽线三等分,智能笔工具✍作前袖窿。调整工具▸调整圆顺。

⑭ 前侧缝:智能笔工具✍作前侧缝线,调整工具▸调整圆顺。

⑮ 下摆:智能笔工具✍作前下摆线,调整工具▸调整圆顺。

⑯ 腋下省线:偏移点工具⬈定出BP点,智能笔工具✍距侧缝画省线。转移工具▱将省转移,加省线工具📖补出省底。转省后效果见图5－116所示。

⑰ 搭门:不相交等距线工具≋作平行,并用智能笔工具✍连接领口、下摆。

⑱ 腰省:等份规工具▱将前中线、前侧缝之间的线段等分。智能笔工具✍画线定省长。

(2)袖片结构设计(图5－117)

① 皮尺▱量取前后袖窿并做记录。

② 袖长:智能笔✍画出袖长。

③ 袖山高:智能笔✍取(胸围/10＋2)定出袖山高,并用智能笔✍画水平线。

④ 袖山斜线、袖山弧线:圆规工具🅰自袖山高到水平线(上一步)取(后袖窿＋0.5、前袖窿)的尺寸定袖山斜线。智能笔✍画出袖山弧线。

⑤ 水平、垂直线工具⌐分别连接袖长下端点、袖肥端点。等份规▱分别将前后袖肥、下辅助线两等分、四等分。智能笔✍连接点,并作适当偏移。调整工具▸调整。

⑥ 比较长度工具⚖比较袖窿弧线与袖山弧线是否匹配。

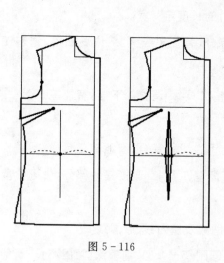

图 5－116

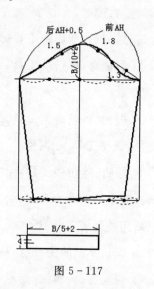

图 5－117

(3)领片结构设计(图 5 - 118)

① 皮尺 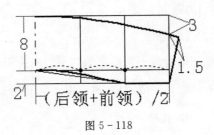 量取前后领口的长度。

② 智能笔 画水平线长度为(后领＋前领)/2。再用智能笔 画垂直线,不相交等距线工具 作平行线,长度分别为(2cm、8cm)。分别用智能笔 连接。

图 5 - 118

(4)拾取裁片(图 5 - 119)

以前片为例,剪刀 顺时针点击前颈点、前领弧线上任意一点、前侧颈点(直线直接点击两点即可),直到整个裁片闭合。选中前片,衣片辅助线工具 拾取内部辅助线。其他裁片的拾取方法相同。拾取完成后选中前片,菱形省 作前片腰省。

(5)加缝份(图 5 - 119)

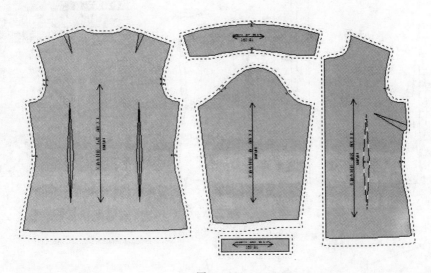

图 5 - 119

① 加缝份工具 点击任意一点,整个裁片加缝份。如果选择工作区全部纸样统一加缝份,那么所有都加缝份。

② 修改缝份:加缝份工具 顺时针拖选袖口线段(也可拖选或框选多条线段),在弹出的对话框里,填写要修改的尺寸,然后选择按边 2 对幅 。

(6)加剪口(图 5 - 119)

加剪口工具 在需要加剪口的位置直接点击即可,直接用此工具可调整方向。系统里存储多种剪口类型,根据需要进行选择,也可设置剪口的深度、宽度。

(7)纸样说明

① 首先设置纸样说明格式,点击【选项】→【系统设置】→【布纹线上纸样说明】,在布纹线上或是下选择合适的格式。注:只需设置一次。

② 双击裁片或在【纸样】→【纸样资料】里,填写纸样名、面料等。在【纸样】→【款式资料】里填写款式名。

(8)存储

每新做一款点击保存 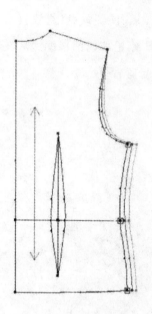,系统里弹出【保存为】对话框,选择合适的路径,存储文件。所有款式完成以后,再次点击保存 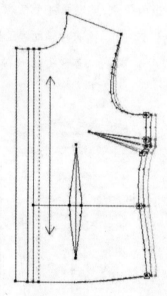。

4. 放码

使用点放码工具和选择工具,操作如图5-120至图5-141所示。

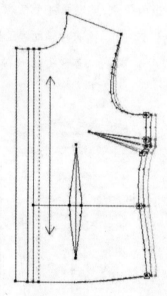

图 5-120

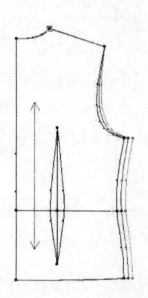
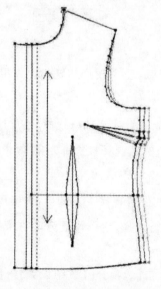

图 5-121

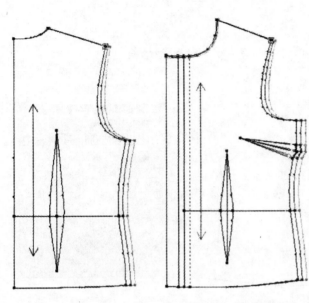

图 5 - 122

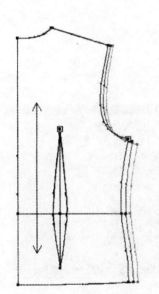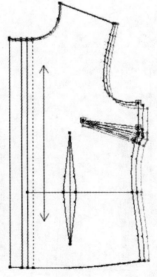

图 5 - 123

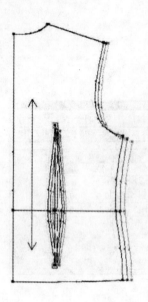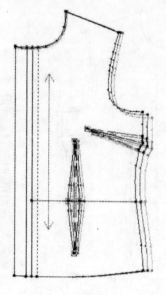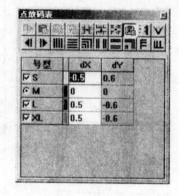

图 5 - 124

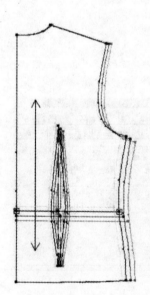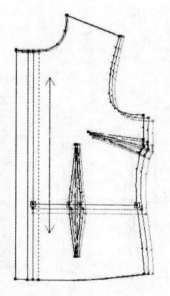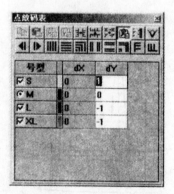

图 5 - 125

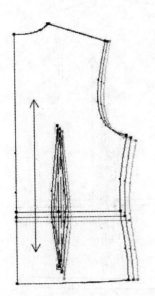
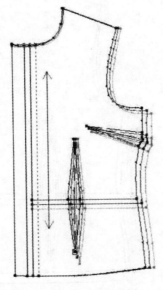

号型	dX	dY
☑ S	-0.5	1.3
◉ M	0	0
☑ L	0.5	-1.3
☑ XL	0.5	-1.3

图 5 - 126

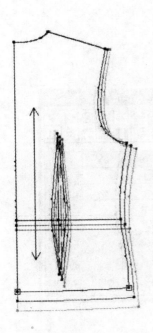
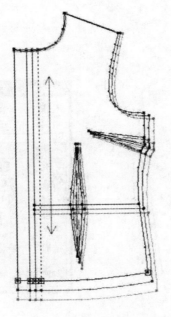
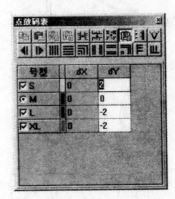

号型	dX	dY
☑ S	0	2
◉ M	0	0
☑ L	0	-2
☑ XL	0	-2

图 5 - 127

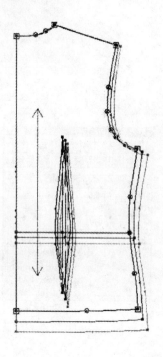
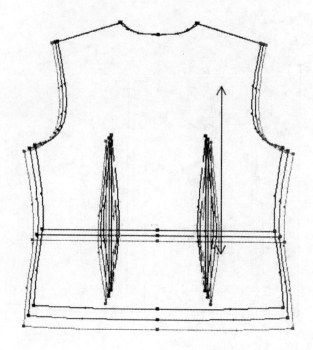

图 5 - 128

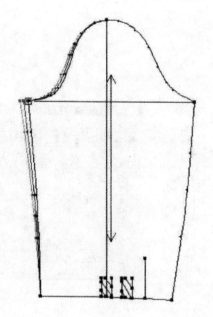
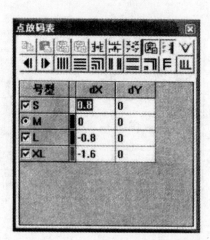

图 5 - 129

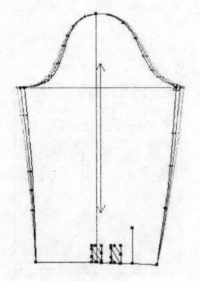

图 5 - 130

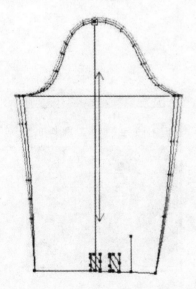
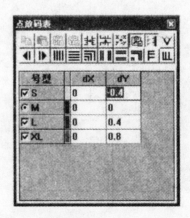

图 5 - 131

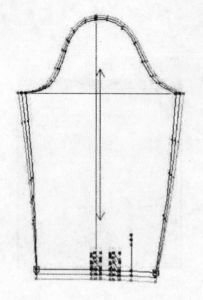

图 5 - 132

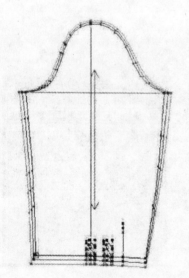

图 5 - 133

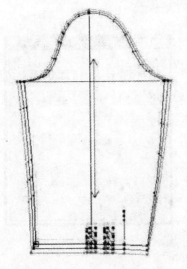
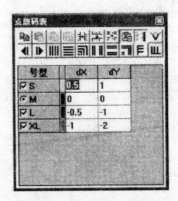

图 5 - 134

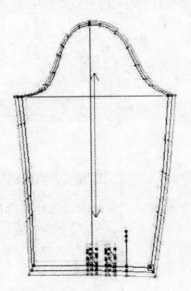

图 5 - 135

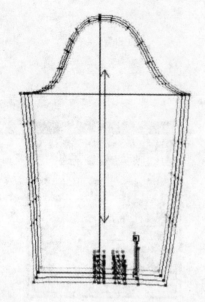

号型	dX	dY
☑ S	-0.3	1
⊙ M	0	0
☑ L	0.3	-1
☑ XL	0.6	-2

图 5-136

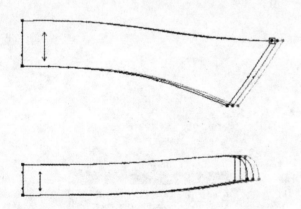

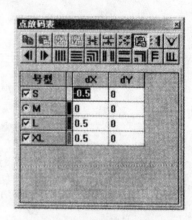

号型	dX	dY
☑ S	-0.5	0
⊙ M	0	0
☑ L	0.5	0
☑ XL	0.5	0

图 5-137

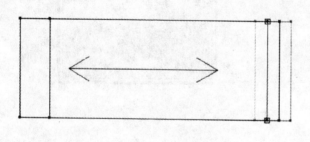

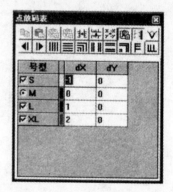

号型	dX	dY
☑ S	-1	0
⊙ M	0	0
☑ L	1	0
☑ XL	2	0

图 5-138

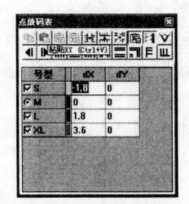

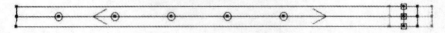

图 5 - 139

图 5 - 140

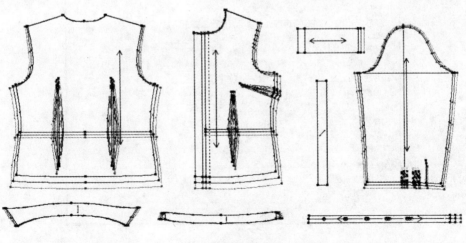

图 5 - 141

5. 排料

(1)双击桌面"排料"图标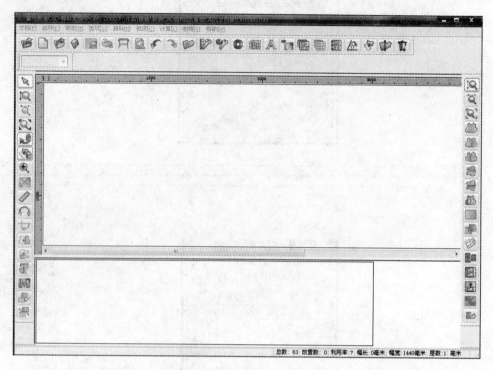进入富怡排料系统。(图5-142)

图 5-142

(2)单击菜单栏【文档】→【打开】,或单击 ,出现如图5-143所示的对话框。

图 5-143

(3)设置好布料的门幅、布长、层数等数值,单击【确定】,出现如图5-144所示的对话框。

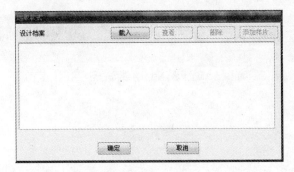

图5-144

(4)单击【载入】按钮,出现如图5-145所示的对话框。

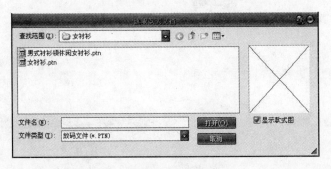

图5-145

(5)选择相应的纸样文件,单击【打开】按钮,进入图5-146所示的对话框。

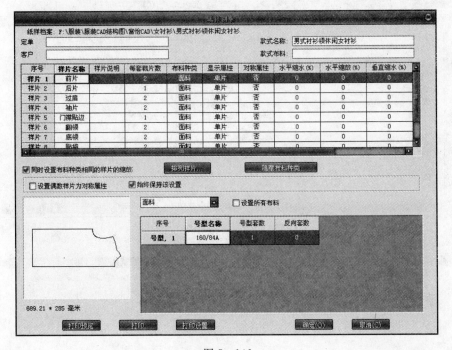

图5-146

(6)设置好各项参数后,单击【确定】,出现如图 5 - 147 所示的对话框。

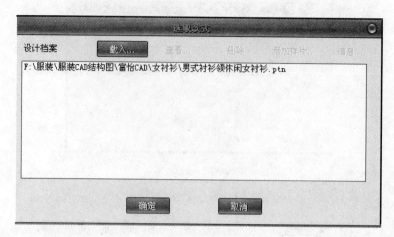

图 5 - 147

(7)单击【确定】进入排料界面。(图 5 - 148)

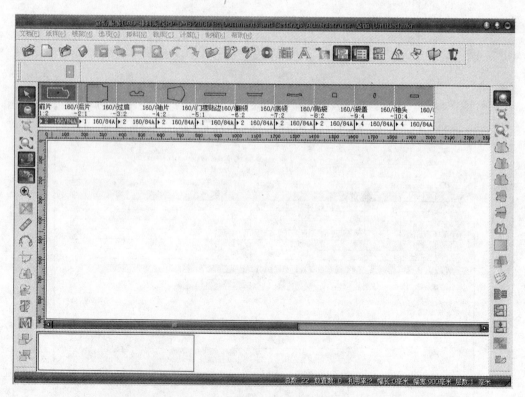

图 5 - 148

(8)按排料规则排料,完成排料图。(图 5 - 149)

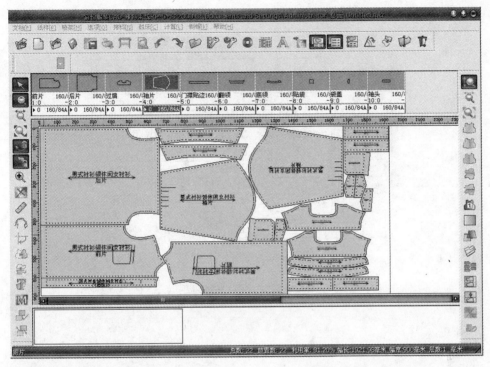

图 5-149

第四节 套装CAD制版实务

一、女式双排扣外套

1. 款式分析(图 5-150)

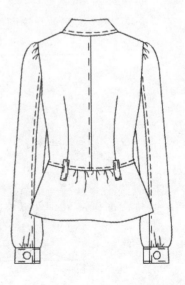

图 5-150

2. 规格设置（图 5-151）

号型名	☑155/80A	⦿160/84A	☑165/88A	☑170/92A
衣长	56.5	58	59.5	61
胸围	90	94	98	102
腰围	76	80	84	88
肩宽	35	36	37	38
袖长	59	60	61	62
袖口宽	11.5	12	12.5	13
袖克夫宽	5	5	5	5
领宽	7	7	7	7

图 5-151

3. 结构设计

(1)前后片对位,使用移动工具 将前片移动到与后片 SNP 点平齐处。(图 5-152)

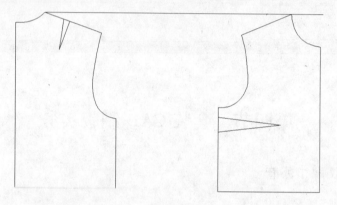

图 5-152

(2)使用旋转工具 ,沿前片胸围线旋转 1cm 做出撇胸量。(图 5-153)

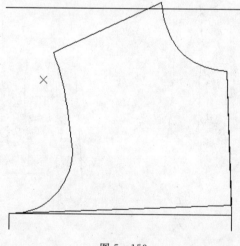

图 5-153

(3)使用智能笔工具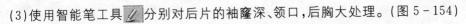分别对后片的袖窿深、领口,后胸大处理。(图 5－154)

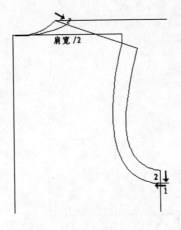

图 5－154

(4)用智能笔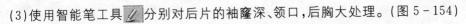从 BNP 点垂直取衣长,得下摆线;做袖窿线;做开背线;背省 2cm;做后侧缝线。(图 5－155)

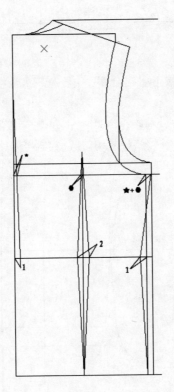

图 5－155

(5)使用智能笔工具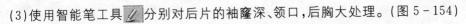,将后片的腋点引水平线交前侧缝为前片腋点,从腋点上 2cm 作为胸省,作腰省 2cm,侧缝收 1cm;门襟 7.5cm(搭门 2.5cm);前中起翘 1.2cm;画出分割线。(图 5－156)

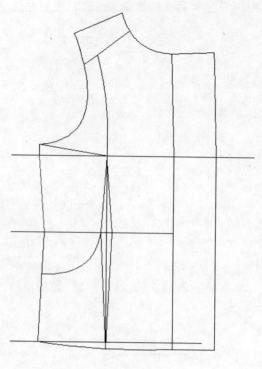

图 5 - 156

(6)使用省移工具 ▨ 将腋下省道合拼;将腰省下端合拼。(图 5 - 157)

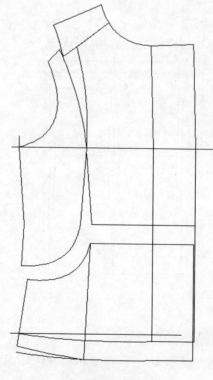

图 5 - 157

(7)使用褶展开工具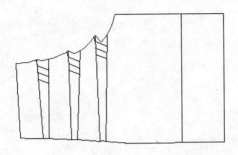对前身下端衣片进行施褶处理。(图5-158)

图5-158

(8)两片合体袖制作:使用移动工具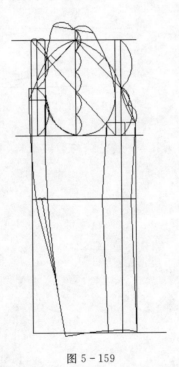将前后袖窿弧线复制移动到空白工作区,按照两片袖的结构方法画出袖片结构。(图5-159)

图5-159

(9)袖山处加褶:使用旋转工具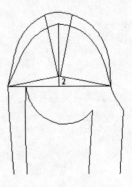绕前后腋点分别将袖山和袖肥旋转2cm。(图5-160)

(10)领子结构:使用测量工具　获得前后领围长度及领底线长度;使用对称工具　将完整的领子结构画出。(图5-161)

图5-160

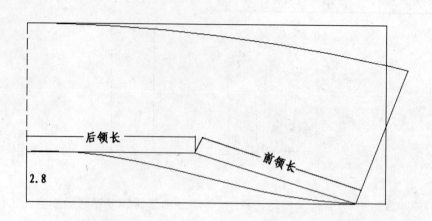

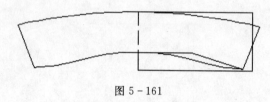

图 5-161

(11)样板及做缝:使用剪刀工具将结构剪成纸样,并使用做缝份工具对净样做缝,结果如图 5-162 所示。

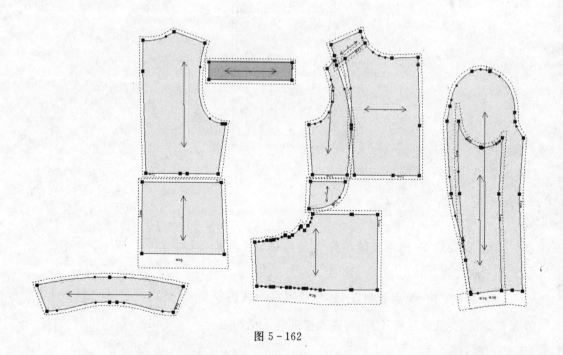

图 5-162

二、男西装

1. 款式分析(图 5 - 163)

图 5 - 163

2. 规格设置(图 5 - 164)

号型名	☑165/86A	◉170/90A	☑175/94A	☑180/98A
衣长	74	76	78	80
胸围	102	106	110	114
肩宽	42.8	44	45.2	46.4
袖长	56.5	58	59.5	61
袖口宽	14.5	15	15.5	16
领宽	6	6	6	6
巾袋大	9.5	10	10.5	11
腰袋大	14.5	15	15.5	16

■设置号型规格表

图 5 - 164

3. 结构设计

(1)使用智能笔工具作出 OC(衣长)为后中线得衣摆线,分别以 O 点为参考点取 OA(净胸围/6+9.5)为袖窿深得胸围线,取 OB(背长)得腰围线,取 OE(领围/5+0.5)为后领大,取 ED(2.5)得 SNP 点,取 OP 水平距离(肩宽/2),肩斜4.5得 SP 点,结果如图 5 -165 所示。

(2)用智能笔工具 $\angle$ 取 PF(1—1.5)作出背宽线,使用等分工具 ⟷ 将袖窿深等分作出背宽横线,将背宽横线与胸围线等分,分别交背宽线于 X 点、V 点,取 SV 约 1,RG(净胸围/6+4.5),HT(净腰围/6+3.5),YN(净腰围/6+5.5),MR(净腰围/6+5.5),画顺后片侧缝线,结果如图 5-166 所示。

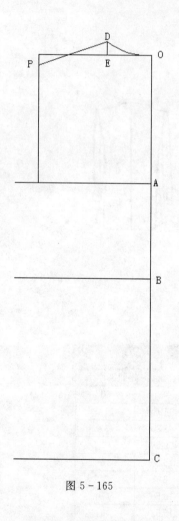

图 5-165

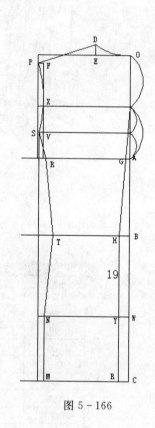

图 5-166

(3)作出侧片,结果如图 5-167 所示。

(4)使用旋转工具 ⟳ 对前胸围线处作 1.2 撇胸量,使用智能笔工具 $\angle$ 以 4.8 为肩斜,前领大 9,作出前肩线(后肩线长-1),作出前片,如图 5-168 所示。

(5)作出巾袋、腰袋、胸省、肚省、门襟,如图 5-169 所示。

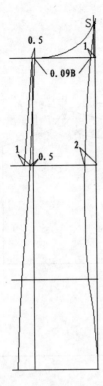

图 5 - 167

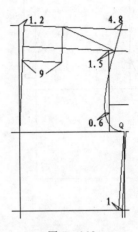

图 5 - 168

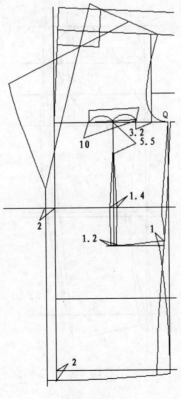

图 5 - 169

(6)作出领子,如图 5 - 170 所示。

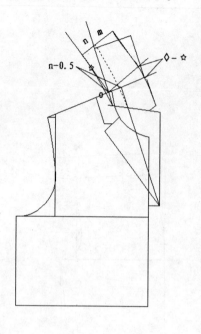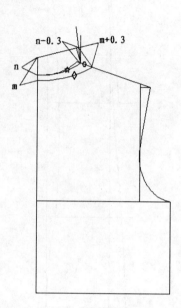

图 5 - 170

(7)作出袖子,如图 5 - 171 所示。

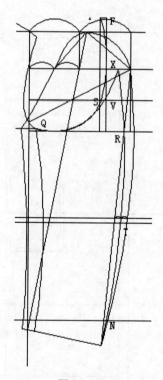

图 5 - 171

4. 制版及放码

(1)做缝:分别对各衣片使用做缝份工具 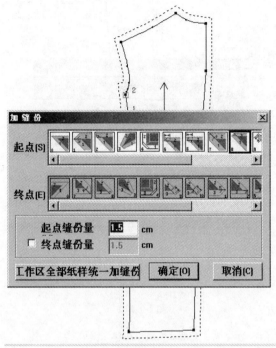,对特殊点进行单独缝份设定。(图 5 –
172 至图 5 – 178)

图 5 – 172

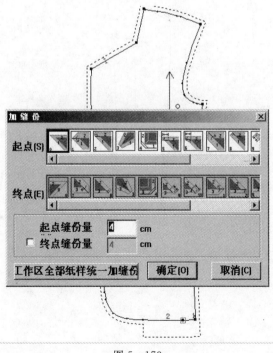

图 5 – 173

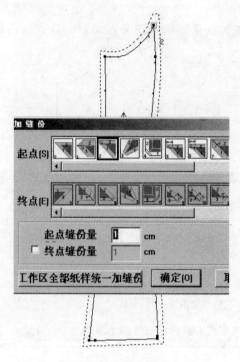

图 5 - 174

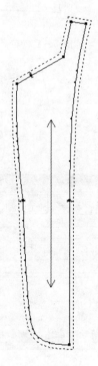

图 5 - 175

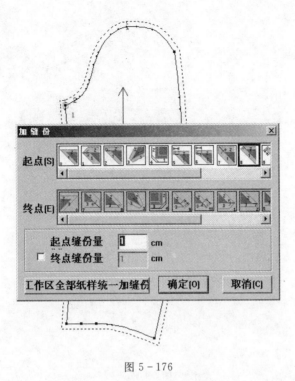

图 5 - 176

图 5 - 177

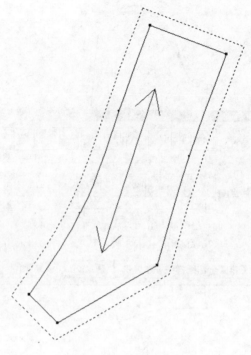

图 5－178

(2)放码:使用选择工具 和点放码表工具 分别对各放码点进行放码,结果如图 5－179 至图 5－187 所示。

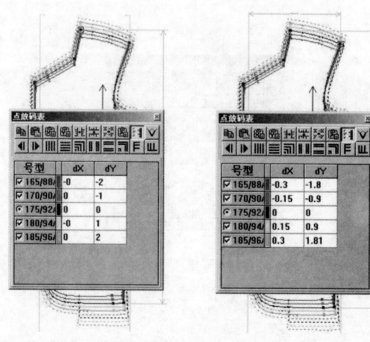

图 5－179

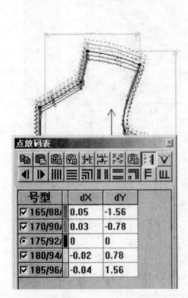

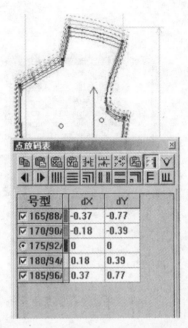

图 5 - 180

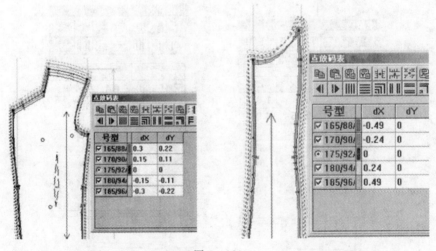

图 5 - 181

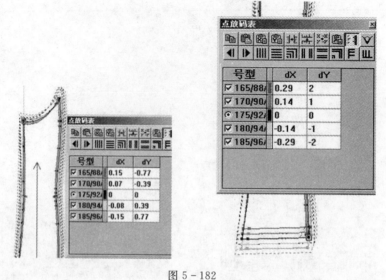

图 5 - 182

图 5 - 183

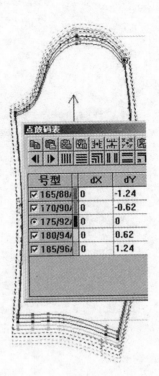

图 5 - 184

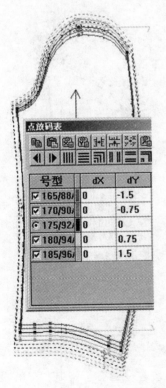

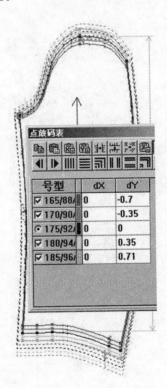

图 5 - 185

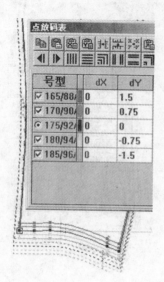
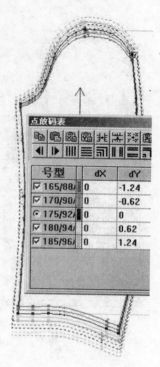

图 5 - 186

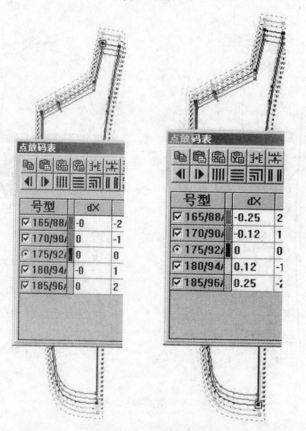

图 5 - 187

第五节　中式服装旗袍CAD制版实务

1. 款式分析（图5-188）

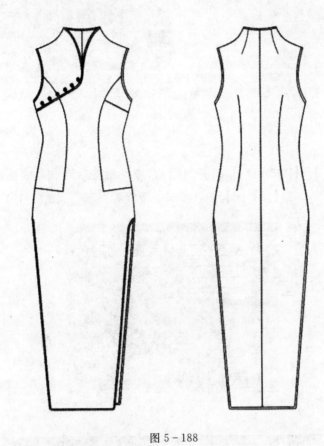

图5-188

2. 规格设置（图5-189）

号型名	☑155/80A	⊙160/84A	☑165/88A	☑170/92A
衣长	133	136	139	142
胸围	86	90	94	98
腰围	66	70	74	78
臀围	88	92	96	100
肩宽	35	36	37	38

设置号型规格表

图5-189

可以直接点击号型后的色块来设定该号型纸样的轮廓线颜色，如图5-190所示。

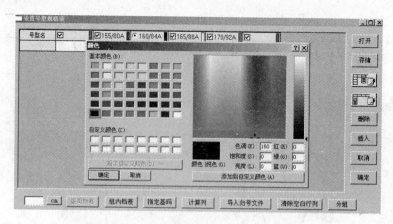

图 5 - 190

3. 结构设计

(1)选择【纸样】→【款式资料】,打开对话框,填写相应信息和款式图的地址,确定即可,选择【显示】菜单,勾选【款式图】,则在窗口中浮现款式图。(图 5 - 191、图 5 - 192)

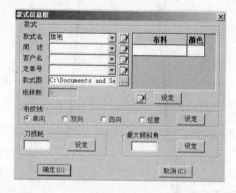

图 5 - 191

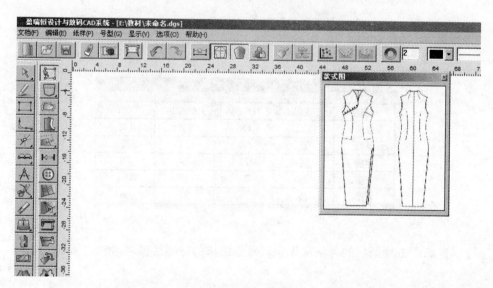

图 5 - 192

(2)调用原型,并使用移动工具 ![icon],将前片的 SNP 点高出后片 SNP 点 1.2cm,对齐,如图 5－193 所示。

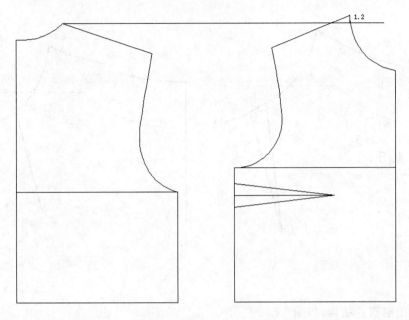

图 5－193

(3)使用智能笔工具 ![icon]在胸围线上取(胸围/4－1)得后片的侧缝辅助线;加高后领 3cm,作出衣片的 SNP 点;距后中(肩宽/2＋0.5)作出 SP 点,如图 5－194 所示。

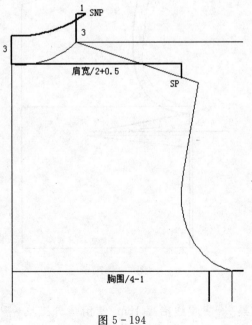

图 5－194

(4)使用智能笔工具 ✐ 分别作出领省和肩胛省,如图5-195所示。

(5)使用旋转工具 ✑(按下Shift键),将肩胛省转移到领省上,如图5-196所示。

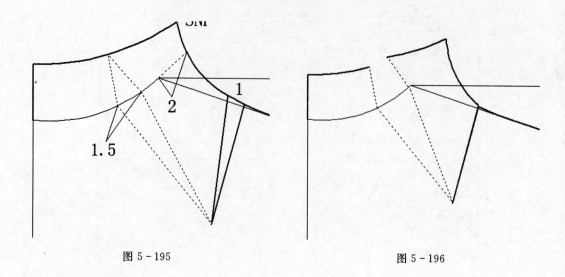

图5-195   图5-196

(6)作出前衣片结构,如图5-197所示。

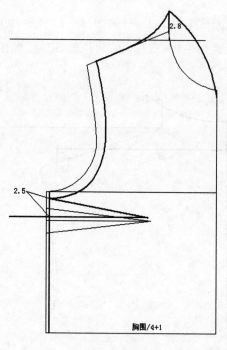

图5-197

(7)使用智能笔工具 ✐ 将腰线抬高1cm;使用等分工具 ▱,分别作出背开线和背省;用智能笔工具 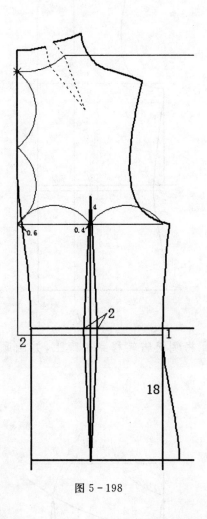 从原腰线取 18 得臀围线;腰围取(腰围/4－1),臀围取(臀围/4－1);在胸围线处扑上因开背线和背省对胸围的减少量,画顺侧缝线、后中线,如图 5－198 所示。

图 5－198

(8)使用智能笔工具 从前片 SNP 点取衣长得衣摆线,画好后片,如图 5－199 所示。

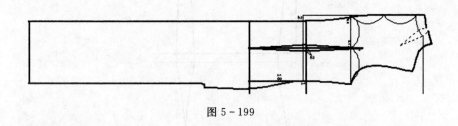

图 5－199

(9)使用智能笔工具 在前衣片上画好分割线位置,如图 5－200 所示。

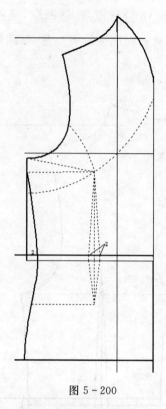

图 5 - 200

(10)使用省移工具 ![](将侧缝省转移到袖窿上,并画顺腰省及其他,如图 5 - 201
所示。

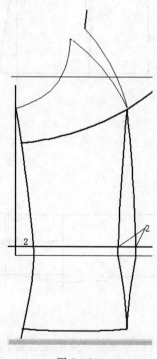

图 5 - 201

(11)画好结构线,如图5-202所示。

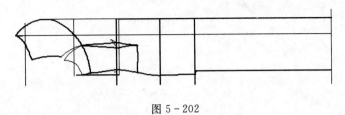

图 5-202

(12)完成前、后衣片结构,如图5-203所示。

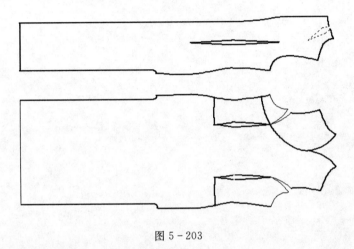

图 5-203

(13)使用剪刀工具 将结构剪成纸样,并对前片公主线处进行缝份修改;选择 或
缝份模式,对衣摆处实行缝份4cm处理,结果如图5-204所示。

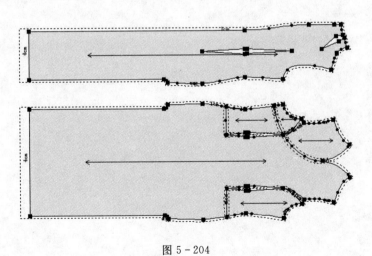

图 5-204